荷斯坦公牛饲养管理与健康养殖

马燕芬 ◎ 主编

中国农业出版社

北 京

图书在版编目（CIP）数据

荷斯坦公牛饲养管理与健康养殖 / 马燕芬主编.
北京：中国农业出版社，2024. 9. -- ISBN 978-7-109
-32347-6

Ⅰ. S823

中国国家版本馆 CIP 数据核字第 2024KZ3697 号

中国农业出版社出版

地址：北京市朝阳区麦子店街 18 号楼
邮编：100125
责任编辑：周晓艳
版式设计：小荷博睿　　责任校对：吴丽婷
印刷：三河市国英印务有限公司
版次：2024 年 9 月第 1 版
印次：2024 年 9 月河北第 1 次印刷
发行：新华书店北京发行所
开本：700mm×1000mm　1/16
印张：12.25
字数：160 千字
定价：58.00 元

编写人员

主　编　马燕芬

副主编　王德志　安彦昊　徐晓锋

参　编　李梦吉　曹佩佩　杨　栋　冯　雪　冀国尚

宋忠慧　冀思同　沙　萍　户春丽　辛　亮

马学虎　李　昊　赵永宝　尹　文　丁　伟

郑文凯　刘惠玲　张明臣　李艳城　文　鹏

杨玉东　黄　亮　李艳娇　许兰娇　梁　欢

杨文飞　马　倩　李继宁　董佳楠　张红瑞

序

　　我国牛肉缺口很大，每年从国外进口均在300万t左右。目前，我国现有奶牛存栏量达600多万头，年出生荷斯坦公犊约300万头，将荷斯坦公牛育肥变成肉，将极大地缓解我国牛肉供不应求和依赖进口的现状。但是，目前荷斯坦公牛的饲养和育肥技术落后，这在一定程度上制约了其生产性能的提高和经济效益的发挥。

　　本书作者从荷斯坦公牛牧场运营模式、生产管理模式、营养管理模式及健康管理模式等多个维度出发，为养殖户提供了一套全面而实用的公牛育肥解决方案。本书的独特之处在于，它整合了荷斯坦公牛饲养管理技术大量的科研成果，并充分考虑了实际生产的技术条件，为荷斯坦公牛养殖户和企业提供了具体的操作方法和技术支持。读者可以从中学到如何规划牧场运营、如何进行生产管理、如何配制饲料、如何保障牛群健康等关键内容。本书为养殖户和企业在养殖过程中遇到的实际问题提供了解决方法和技术支撑，实践性与应用性都非常强。

可以预言，本书将成为荷斯坦公牛养殖企业和农户的得力助手，为荷斯坦公牛养殖技术的进步和产业发展做出积极的贡献。

2024 年 2 月 22 日于南昌

　　牛肉作为我国消费者最为青睐的食品之一，因出现缺口大、价格高等问题，我国每年需从国外进口大量的牛肉补充国内市场。目前，我国现有存栏奶牛量600多万头，年出生荷斯坦公犊近300万头。如果将荷斯坦公牛进行育肥，就会极大地缓解我国牛肉供不应求的现状。但是目前荷斯坦公牛的饲养和育肥技术主要参考其他品种肉牛，不仅浪费了大量的公牛资源，而且对牛场的经济效益和消费者的食品安全也造成了相当大的影响。此外，随着奶牛养殖成本上涨及受进口乳制品的冲击，我国奶牛养殖利润空间逐渐缩小，荷斯坦公牛育肥是奶牛养殖业抵御市场风险的非常有效的一条途径。因此，将荷斯坦公牛进行育肥变成肉，是奶牛养殖企业提质增效的发展方向。

　　国际市场上优质荷斯坦公牛肉（小白牛肉）一直处于供不应求的状态，开发荷斯坦公牛肉产业前景光明，尤其是对荷斯坦公牛肉进行精深加工，对有效缓解我国牛肉供不应求现状，减少从国外进口，快速丰富我国肉类产品种类，提升行业市场竞争力，从而节汇创汇的战略意义重大。

　　目前大部分荷斯坦公牛按照传统方式进行养殖，导致经济效益不明显。因此，探寻荷斯坦公牛养殖的牧场运营模式、安全管理模式、营养管理模式和健康管理模式是业

内共同关注的课题。为此，笔者组织业内专家编写了《荷斯坦公牛饲养管理与健康养殖》一书。

本书在内容上大量吸收及采用了近 10 年来的科研成果和生产新技术，可供畜牧学、动物医学领域学生、工作人员等参考。

本书的编写和出版得到了中国农业出版社、宁夏大学、宁夏博瑞科技有限公司、宁夏新澳农牧有限公司、宁夏一加禾牧业有限公司、宁夏回族自治区畜牧工作站、宁夏农垦乳业股份有限公司、宁夏壹泰牧业有限公司、宁夏农垦滩羊产业有限公司的关心和大力支持，由宁夏回族自治区重点研发计划项目（奶公犊成活保健及其育肥关键技术研究与示范应用，2023BCF01034）、宁夏反刍动物营养科技创新团队项目（2024CXTD008）和银川市奶牛高效健康养殖科研创新团队项目（2023CXTD32）资助。另外，笔者在写作时也参考和引用了部分文献，但限于篇幅，部分文献未列出。在此，向所有资料来源提供者表示诚挚的谢意。

由于编者水平有限，书中不足之处敬请读者批评指正。

马燕芬

2023 年 12 月 1 日于银川

目录

第二部分　生产管理篇

绪　　论

我国养牛历史悠久，早在秦汉时期，牛的养殖就已分布于全国各地。不仅牧养、管理、保护、兽医技术已有相当长时期的经验积累，而且已经出现商品化趋势。20 世纪 80 年代前，牛作为耕作工具受到保护，政府禁止宰杀青壮年牛；80 年代后，我国肉牛养殖主要经历以下发展时期。

商业化发展初期（1979—1990 年）：随着农业机械的推广和普及，人们逐渐将传统役用牛用于养殖，并逐渐引进优良牛的品种对本地牛进行改良。1979 年，国家开始投资建设肉牛生产基地。为了加速牛品种改良工作的进展，农业部在全国建立了 144 个养牛基地县，逐渐形成了以饲养役用牛（耕地）为主、肉用牛为辅的生产格局，如河北省廊坊地区的北三县（大厂、香河、三河）逐渐形成了规模化生产。

快速发展期（1991—2006 年）：为了扶持肉牛产业的发展，我国出台了多项政策，鼓励农村发展秸秆畜牧业，肉牛饲养逐渐从草原生产力不断下降的地区转向秸秆资源丰富的中部平原和东北地区。进入 21 世纪，西南和西北地区的肉牛养殖逐渐发展。自 1991 年起，肉牛养殖业快速增长，出现了千头以上规模的育肥场，比较完整的肉牛生产环节渐渐形成，至 2006 年全国肉牛出栏量达 4 226.82 万头。

调整发展期（2007 年至今）：一方面，农业农村部、财政部对肉牛规模化养殖提供了大量资金支持；另一方面，受到肉牛养殖成本上升等的影响，散户加快退出市场，肉牛存栏量于 2010—2018

年处于低谷期。2017 年以来我国牛肉消费量呈爆发式增长，大量资本集中涌入，肉牛养殖商业化生产步伐加速，规模养殖企业不断涌现，规模化生产比重快速提升。

肉牛产业不仅承载着百姓致富的希望，更是产业兴旺的动力、生态治理的关键、小康路上的引擎，推动肉牛产业高质量发展显得尤为重要。近年来，肉牛养殖业发展相对较稳定。各地通过建设肉牛优势区域，加大了规模化养殖和品种改良的扶持力度，全国范围内采取了标准化养殖小区鼓励措施，这在一定程度上促进了肉牛养殖业的发展。出栏量方面，随着我国肉牛养殖技术的不断提升，肉牛出栏量保持持续增长势头，下游消费市场需求量的增长持续促进我国肉牛出栏量的提升。截至 2021 年，全国肉牛存栏 9 817 万头，同比增长 2.7%；出栏 4 707 万头，比 2020 年增加 142 万头，增长 3.1%，创近 8 年新高。

2021 年，农业农村部发布的《"十四五"全国畜牧兽医行业发展规划》明确指出，到 2025 年，牛肉自给率保持在 85% 左右，牛肉产量稳定在 680 万 t 左右，规模养殖比重达到 30%。由此可见，我国肉牛养殖出栏率将进一步提升。预计我国肉牛养殖行业市场规模仍将保持低速增长，到 2027 年，全国肉牛养殖行业市场规模将达到 8 953 亿元。

牛肉低脂肪、高蛋白，富含亚油酸、镁、铁、锌、肉碱、维生素等物质，对人体健康很是有利。统计数据显示，2019 年我国牛肉消费量超过巴西，成为仅次于美国的全球第二大消费市场。从需求量来看，2022 年我国牛肉需求量达 986.73 万 t，较 2021 年的 930.02 万 t 增加了 56.71 万 t，增幅约 6.1%。与 2016 年的 673.79 万 t 相比，我国牛肉需求量增加了 312.94 万 t，增幅达 46.44%，年均复合增长率约 6.56%。与 2022 年牛肉产量（718.26 万 t）相比，我国牛肉需求缺口达 268.47 万 t。

生活水平的提高使得牛肉食品在膳食结构中的消费比重持续上

升。为提高牛肉的自给率，国家对荷斯坦公牛养殖实施税收优惠、资金扶持等支持政策，为荷斯坦公牛养殖行业的持续发展奠定了良好的市场基础。

荷斯坦公牛是连接奶牛养殖业与肉牛养殖业的纽带，近年来，奶业波动和肉牛牛源危机的日趋严重，使得对荷斯坦公牛资源的开发利用逐渐成为各级政府、专家学者、肉牛养殖企业及奶牛养殖企业共同关注的焦点，科学利用荷斯坦公牛是弥补我国牛肉缺口的有效途径之一。可以说，荷斯坦公牛育肥会在未来我国传统奶业和肉牛产业中扮演着重要角色。

目前，在国内很多肉牛育肥场都能看到与其他品种同时育肥的荷斯坦公牛。近年来，养殖奶牛与养殖肉牛之间的比较效益优势已不明显，奶牛养殖企业依靠售卖生鲜乳所得利润越来越低，甚至出现周期性赔本的现象；加上肉牛牛源不足对犊牛价格的拉动，利用荷斯坦公牛资源生产牛肉的潜在盈利空间和经济优势已逐步表现出来。未来奶牛养殖企业采取荷斯坦母牛养殖与荷斯坦公牛育肥的复合养殖方式，是规避奶业风险、提高效益的有效手段。

第一部分

牧场运营篇

荷斯坦公牛
饲养管理及健康养殖

荷斯坦公牛
饲养管理及健康养殖

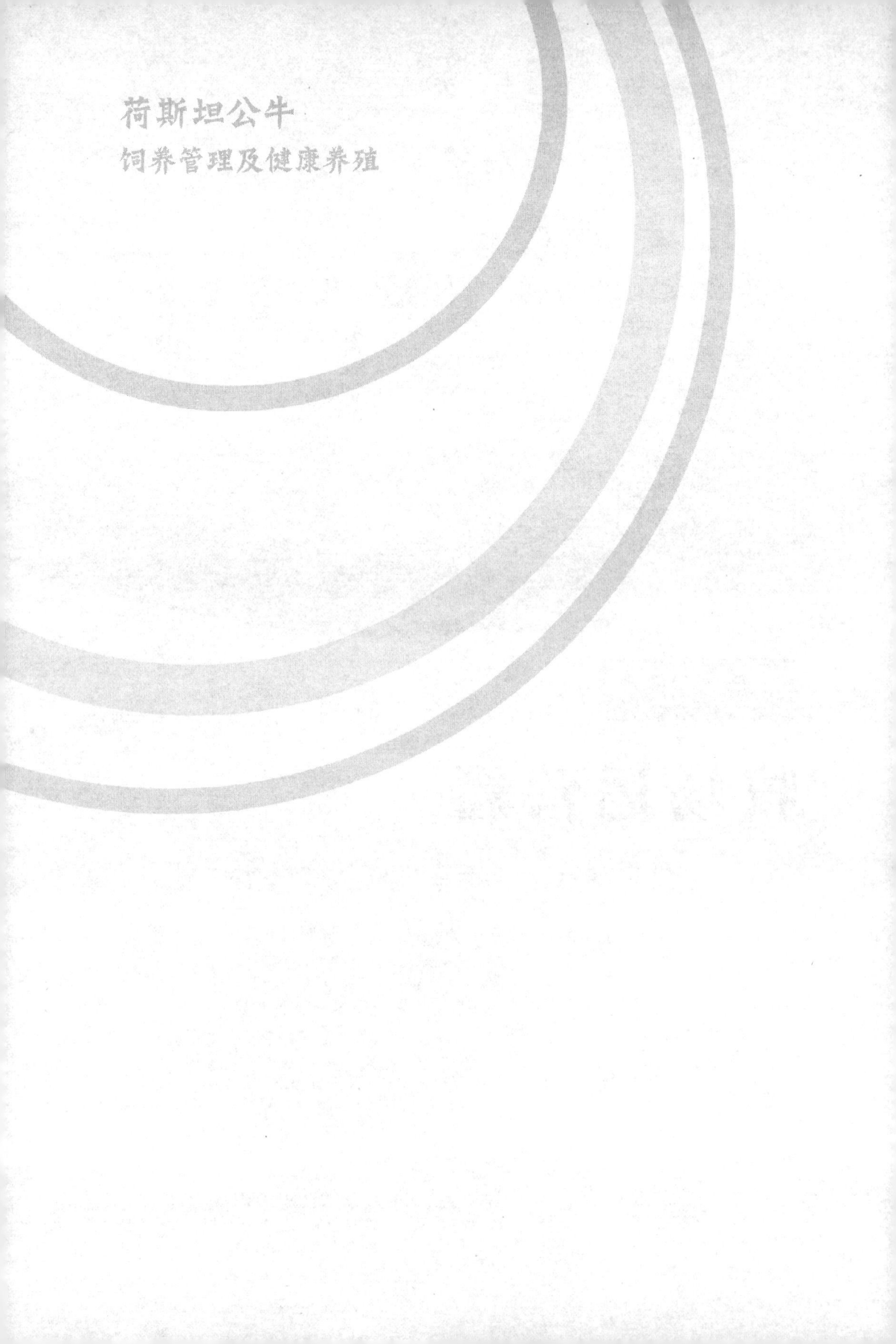

第一章

肉牛养殖市场与终端消费市场发展现状

第一节 国内肉牛养殖及牛肉加工行业进出口现状

一、肉牛养殖及牛肉加工行业进出口规模

1. 进口规模 我国是牛肉消费大国，牛肉进口量明显大于出口量，近几年牛肉进口量更是呈现快速增长态势。2021年牛肉进口量为233.25万t，较上年增长了10.11%；2022年进口量为268.94万t，较上年增长了15.30%，增幅巨大。据我国海关数据显示，2017—2021年牛肉进口金额与进口量同向变动，均呈现快速上涨趋势。2021年进口金额为124.88亿美元，较上年增长了22.69%；2022年进口金额为177.57亿美元，较上年增长了42.19%。从进出口均价来看，近几年我国牛肉的出口均价明显高于进口均价。近两年我国牛肉进出口均价快速上涨，2022年出口均价为12 456.91美元/t，较上年增长了16.19%；2022年进口均价为6 602.54美元/t，较上年增长了23.32%。从进口牛肉类型来看，我国冻去骨牛肉的进口金额明显高于其他类型产品，2022年进口金额为155.93亿美元，占全国牛肉进口总额的87.81%；冻带骨牛肉进口金额为14.87亿美元，占全国牛肉进口总额的8.37%；鲜去骨牛肉或冷去骨牛肉进口金额为6.59亿美元，占全国牛肉进口总额的3.71%。

从各省份牛肉进口金额来看，2022年牛肉进口主要省份是上

海、山东和广东。2022年上海牛肉进口金额为35.35亿美元，占全国牛肉进口总额的19.91%，全国排名第一；山东牛肉进口金额为31.40亿美元，占全国牛肉进口总额的17.69%，全国排名第二；广东牛肉进口金额为20.87亿美元，占全国牛肉进口总额的11.75%，全国排名第三。根据海关数据显示，2023年全年我国累计进口牛肉273.74万t，与2022年全年牛肉进口量268.99万t相比，增幅为1.77%，再创年度新高。巴西一直是我国进口牛肉的主要来源国之一，2023年从巴西进口牛肉总量为117.70万t，年均进口价格为5 073.37美元/t，占43.00%；其次是阿根廷，2023年从阿根廷进口牛肉总量为52.70万t，年均进口价格为4 127.50美元/t，占19.25%；作为我国进口牛肉的第三大来源国，2023年从乌拉圭进口牛肉总量为27.47万t，年均进口单价为3 995.51美元/t，占10.03%。

2. 出口规模　据我国海关数据显示，自2017年以来，肉牛相关商品总出口量及出口金额波动减少。2022年我国肉牛相关商品出口量为2.78万t，同比减少了0.65万t，降幅约为18.95%；出口金额为1.29亿美元，同比减少了0.05亿美元，降幅约为3.73%。与2022年我国肉牛相关商品进口量377.16万t、进口金额198.71亿美元相比，净进口量达374.38万t，贸易逆差达197.42亿美元。

二、肉牛养殖及牛肉加工行业进出口产品规模

我国对肉牛相关商品进口的依存度相对较高，肉牛相关商品进口规模常年大于出口规模。"冻去骨牛肉""冻带骨牛肉"的进口规模相对较大，主要进口自巴西、阿根廷、乌拉圭、新西兰等，主要进口省份为上海、广东、山东；"未列名制作或保藏的牛肉及杂碎"出口规模较大，主要销往日本、澳大利亚及我国香港等，主要出口为广东。

1. 主要进口商品概况　从具体进口商品来看，我国主要进口"冻去骨牛肉""其他重量＞16kg 的整张牛皮""冻带骨牛肉""其他家牛（改良种用牛除外）""鲜去骨牛肉或冷去骨牛肉"等肉牛相关商品，其中"冻去骨牛肉"的进口金额相对较大。2022 年，我国进口"冻去骨牛肉"约 220.32 万 t，进口金额 155.91 亿美元，在我国肉牛相关商品总进口量、总进口额中所占比重分别高达 58.42％和 78.46％。

2. 主要出口商品概况　从具体出口商品来看，我国主要出口"未列名制作或保藏的牛肉及杂碎""其他家牛（改良种用牛除外）""其他牛皮""牛肉及杂碎罐头""冻去骨牛肉"等肉牛相关商品，"未列名制作或保藏的牛肉及杂碎"的出口规模相对较大。2022 年，我国出口"未列名制作或保藏的牛肉及杂碎"约 0.86 万 t，出口金额 0.56 亿美元，在我国肉牛相关商品总出口量、出口金额中所占比重分别高达 30.93％和 43.41％。

第二节　国内肉牛养殖及牛肉加工行业市场供给情况

一、国内肉牛养殖市场供给现状

1. 从生产规模及发展趋势来看　据国家统计局数据显示，2013 年以来，我国肉牛存栏量、出栏量及牛肉产量均呈现逐年增长态势。2022 年，肉牛存栏量达 10 215.85 万头、出栏量达 5 489.92 万头和牛肉产量达 718.26 万 t，与 2013 年的肉牛存栏量（8 985.76 万头）、出栏量（4 839.91 万头）和牛肉产量（613.09 万 t）相比，增量分别达 1 230.09 万头、650.01 万头、105.17 万 t，增幅分别为 13.69％、13.43％、17.15％，年均复合增长率分别为 1.43％、1.62％、1.77％。从国际地位来看，我国肉牛饲养量及牛肉产量均位列全球第 3 位。

2. 从区域分布来看 据国家统计局数据显示，2022 年我国牛肉产量排名前十的省份依次是内蒙古、山东、河北、黑龙江、新疆、吉林、云南、四川、河南、辽宁，产量合计占全国总产量的 67.93%。其中，内蒙古牛肉产量为 71.83 万 t，约占 2022 年全国牛肉产量（718.26t）的 10%，已连续 3 年位列全国第一位。

二、国内牛肉加工市场供给现状

我国共有近 386 257 家正常经营的肉牛养殖相关企业，以及 7 225 家肉牛加工相关企业。从市场需求来看，我国牛肉需求量呈现逐年增长态势，目前维持在 900 万 t 以上，肉牛产业仍然处于供不应求的状态。从肉牛养殖行业竞争格局来看，肉牛养殖行业集中度较低，我国肉牛养殖规模领先的前 30 家企业肉牛存栏量达 76.2 万头，占比不到全国牛存栏量的 1%。

第二章

荷斯坦公牛资源利用与前景分析

第一节　荷斯坦公牛国内养殖现状与分析

充分利用荷斯坦公牛资源，不仅能缓解国际市场上牛肉供应不足的紧张局面，而且可以满足广大消费者对高品质牛肉的需求。我国荷斯坦奶牛存栏量在 600 万头左右，每年出生的荷斯坦公犊大约有 300 万头。然而作为奶牛养殖的副产物，无论在奶牛养殖业还是肉牛养殖业，荷斯坦公犊一直以来都没有获得足够的重视。

一、肉牛产业发达国家荷斯坦公犊的资源利用现状

在国外肉牛产业发达国家或地区，荷斯坦公犊资源得到了充分利用。例如，欧盟生产的牛肉有 45% 来自荷斯坦母牛所产公犊；美国生产的牛肉有 30% 来自荷斯坦母牛所产公犊；日本生产的牛肉有 55% 来自荷斯坦母牛所产公犊；荷兰生产的牛肉有 90% 来自荷斯坦母牛所产公犊；以色列在荷斯坦公犊育肥性能方面居世界前列，荷斯坦公犊育肥增重已经成为该国在育种方面的重要指标之一，育肥至 12~13 月龄即可出栏，体重能达到 450~500kg，增重速度非常快。

二、我国荷斯坦公犊的生产与利用现状

当前我国牛肉供应短缺和奶业市场波动的现状，使得荷斯坦公

犊资源的利用逐渐成为各界关注的焦点。国家肉牛牦牛产业技术体系于 2009 年在全国 23 个省份范围内对荷斯坦公犊的利用状况进行了大规模的实地调研，根据提交的 38 份调研报告，用于抽提血清的荷斯坦公犊比例刚刚超过调研样本总数的 30%，更高比例的荷斯坦公犊育肥后用来生产牛肉。说明我国荷斯坦公犊的资源利用已由传统的"以抽提血清为主"逐步向"以育肥为主"转变。因此，充分利用我国荷斯坦公犊资源，进行牛肉生产已具备良好的产业基础，荷斯坦公犊育肥将成为奶牛场提高收益的重要途径之一。

第二节　荷斯坦公牛养殖前景分析

一、经济价值

根据国家肉牛牦牛产业技术体系的调查，一部分奶牛养殖者选择荷斯坦公犊自己饲养或出售给他人育肥，是基于生鲜乳销售不畅，降低经济效益，而饲养荷斯坦公犊可以解决这一问题。绝大多数奶牛场认为饲养荷斯坦公犊不会有太高的利润，其实这是一种认识误区。根据目前荷斯坦公犊市场行情，初生荷斯坦公犊售价为 2 000～2 500 元/头，用代乳粉加颗粒料的方式饲养至 56d 断奶，犊牛售价则在 4 000 元/头以上，饲料成本 700～800 元/头，毛利润为 700～1 300 元/头，说明饲养荷斯坦公犊具有很大的利润空间。因此，对奶牛养殖者来说，加强肉牛和牛肉市场信息畅通，并提高他们对荷斯坦公犊经济价值的认识，将会进一步提高荷斯坦公犊的育肥量。

二、产肉性能

荷斯坦公牛架子牛和育肥牛的交易价格与肉牛及其杂交牛、肉牛与乳肉兼用牛（如西门塔尔牛）等存在较大差距，一般差价在

1.6～2.3元/kg。很多情况下，价格较低的理由是荷斯坦公牛出肉率低（骨肉比高）或肉质较差。目前在我国架子牛短期育肥的模式下，上述理由被过分强调，从而压低了荷斯坦公犊的价格，降低了养殖和育肥荷斯坦公牛的积极性。实际上，荷斯坦奶牛作为传统的奶牛品种，也具有非常理想的产肉性能（包括产肉量和肉品质）。研究表明，直线育肥荷斯坦公牛的出肉率随月龄的增加而提高，育肥至18月龄以上的屠宰率和净肉率分别为58％和48％以上，达到或甚至超过一些专门的肉牛品种。

荷斯坦奶牛属于大体型牛种，经过强度育肥后活体重可以达到700～800kg甚至更高，绝对产肉量远远超过一般的肉牛品种。另外，关于荷斯坦公牛肉质较差的理由很难站得住脚。在美国，利用荷斯坦去势牛生产出来的优级牛肉占全美优级牛肉市场的32％～60％。在欧盟，利用荷斯坦公牛生产小牛肉产量最大的国家是荷兰，其次是法国；荷兰利用荷斯坦公牛生产的高档小白牛肉占牛肉市场份额50％，其他50％来自淘汰荷斯坦牛和少量肉牛专用品种提供的牛肉。由此可见，与一般纯种肉牛相比，在产肉量和牛肉品质方面，荷斯坦公牛毫不逊色。

三、发展趋势

我国荷斯坦公牛生产起步较晚，缺乏相应的研究结果，故至今没有完善的荷斯坦公牛育肥相应的饲养标准。今后，荷斯坦公牛的研究和生产热点将集中于：借鉴国外荷斯坦公牛育肥的经验，完善我国荷斯坦公牛肉用生产技术；研发我国利用荷斯坦公牛生产各种牛肉的饲养标准，确定不同饲养阶段的增重指标、屠宰指标、胴体分级系统、犊牛肉分级系统等；建立牛肉质量安全可追溯体系。这对我国奶牛和肉牛产业间的良性循环和平衡发展具有重要意义。

第三节 荷斯坦公牛牧场运营模式与效益分析

一、小规模牧场

小规模牧场通常是年出栏量为100～300头的牧场，牛舍条件相对简陋，牧场主一般有土地，可自己种植玉米，为牧场提供一部分青贮玉米和秸秆，并在牧场周边雇一些工人，各种成本都相对较低，牛群增重效率也相对较低，牛出栏时的议价能力较弱，但扣除成本后仍然有利润。这种方式以投资少、生产效能低、牧场自我养殖规模调整能力强、利润中等为特点，适合最初进入养牛行业的人员。

二、中等规模牧场

1. 无产业链牧场 通常养殖规模为1 000～2 000头，前期新建了牛舍、办公楼房，新买了全混合日粮车等，有多年的养殖经验和稳定的销售渠道，但没有自己的种养销产业链基础。这种方式前期投入较大运营成本，生产效能相对小规模的牧场有所提升，在政府、行业协会、饲料公司、兽药公司等的扶持下，未来生产效能还会再提高，但牛群出栏时没有太多的议价能力；另外，在牧场综合运营方面，尤其是现金流方面，经常会出现问题，运营压力相对较大。这样的牧场，可以走差异化经营路线，饲养不同品种的牛甚至是高档酒店定制品种牛，以销售量确定养殖规模，在市场夹缝中寻求发展和获取利润。

2. 有产业链牧场 养殖规模仍然是1 000～2 000头，多以自产自销为主。比如，某企业结合政府相关政策，从周边收购部分架子牛，开始育肥；同时，在销售端发力，联合共建更多的面馆等消费市场，自己供应牧场核心饲料，有几乎完整的产业链，无论市场有多大波动，牧场均有十足的抗风险能力。随着牧场的运营，在内部管理方面，不断创新，以阿米巴小单元为单位，自主经营核算和考核，减少了管理压力和管理成本，适合养殖多年的企业主学习和借鉴。

三、大型规模化牧场

以奶公牛运营为主的大型规模化牧场，通常是挂靠大的奶牛牧业集团，资本雄厚，生活区、生产区、硬件投资基本与现代化奶牛场无差异，人员能力及配备相对较全，饲养、疾病防控、管理等均十分完善，生产效能也相对较高，销售渠道完备。但前期投入大，导致管理成本增加，获取利润方面或者在净资产收益率方面有时会完不成既定的预算任务。

第三章

国内肉牛发展布局及前景

第一节　主要省份肉牛发展布局

一、宁夏回族自治区

（1）肉牛存栏量　2020年，饲养量达192万头，其中存栏量达129.1万头，居全国第20位。

（2）牛肉生产　牛肉产量达11.4万t，占全区肉类总产量的34%，居全国第19位；人均牛肉占有量达16.5kg，是全国平均水平的3倍，居全国第5位。

（3）发展目标　到2025年，肉牛饲养量分别达260万头，牛肉总产量达46万t，肉牛全产业链产值达1 000亿元。

二、内蒙古自治区

（1）肉牛存栏量　2022年，存栏量达820.4万头，同比增长12%；牛肉产业发展活力极高，生产供给得到充足保障。

（2）牛肉生产　2022年，牛肉产量达71.87万t，同比增长4.59%，已连续3年位列全国第1位。

（3）发展目标　到2025年，全区肉牛存栏量达1 000万头，牛肉产量达130万t，肉牛全产业链产值达1 000亿元以上，打造一批10万头以上的肉牛养殖大县，培育肉牛加工产业领军企业，巩固牛肉产量在全国的领先地位。

三、山东省

（1）肉牛存栏量　肉牛存栏量位列全国第 4 位。2013—2021 年，牛存栏量波动减少。2021 年，存栏量达 279.76 万头，比 2020 年增加了 1.05 万头，增幅约为 0.38%。2022 年，出栏量达 277 万头。

（2）牛肉生产　2022 年，牛肉产量达 60.4 万 t，比 2021 年 61.3 万 t 的牛肉产量下降了 0.9 万 t，降幅约 1.47%。

（3）发展目标　到 2025 年，基础母牛产能稳中有升，肉牛屠宰加工优势显著增强，全产业链生产模式日臻完善。加大地方品种牛保护与开发利用力度，提高基础母牛产能，提高繁殖效率；加大肉用牛、乳肉兼用牛品种的引进和开发利用力度，积极培育适合山东省饲养环境的新品系；加强肉牛饲养管理技术研发和推广应用；加快品牌建设，开展公共区域品牌认证，促进肉牛养殖加工企业品牌化发展；加快肉牛全产业链建设，推动全省肉牛产业高质量发展。

四、河北省

（1）肉牛存栏量　2021 年，牛存栏量达 370.42 万头，比 2020 年的 358.59 万头增加了 11.83 万头，增幅约 3.3%，在 2021 年全国牛存栏量（9 817.25 万头）中的比重约 3.77%。

（2）牛肉生产　2022 年，牛肉产量达 58.08 万 t，比 2021 年的 55.85 万 t 增加了 2.23 万 t，增幅约 4%，在 2022 年全国牛肉产量（718.26 万 t）中的比重约 8.09%。

（3）发展目标　全省牛肉产量达 70 万 t，自给率达 100%，肉牛肉羊全产业链产值达 850 亿元。强化龙头企业的带动作用，加快发展肉牛标准化养殖场和养殖大户，提升标准化水平，扩大养殖规模，提高屠宰加工能力，提高牛肉品质。

五、黑龙江省

（1）肉牛存栏量　自 2013 年以来，全省肉牛产业发展迅猛，牛存栏量由 2013 年的 495.38 万头波动增长至 2021 年的 514.99 万头，同比增加 19.61 万头，增幅约 3.96%，年均复合增长率约 0.49%。

（2）牛肉生产　牛肉产量由 2013 年的 39.73 万 t 波动增长至 2022 年的 52.67 万 t，同比增加 12.94 万 t，增幅约 32.57%，年均复合增长率约 3.18%。2019—2022 年，牛肉产量已连续增加了 4 年。

（3）发展目标　到 2025 年，现代畜牧产业规模、质量、效益大幅提升，行业整体竞争力稳步提高，肉蛋奶等国家重要农产品战略保障地位更加稳固，肉牛主要养殖产业率先基本实现现代化。肉牛出栏量达 400 万头，实现产值 900 亿元。

六、新疆维吾尔自治区

（1）肉牛存栏量　2013—2022 年，全区牛肉产量整体随存栏量同步波动增加。2022 年，牛存栏量达 690.96 万头，同比增加 74.66 万头，增幅约 12.11%。

（2）牛肉生产　2022 年，牛肉产量 49.37 万 t，同比增加 0.87 万 t，增幅约 1.79%。

（3）发展目标　优化肉牛生产布局。坚持农牧结合、牧繁农育，着力健全肉牛自繁自育生产体系。北疆以新疆褐牛、安格斯牛为主推品种，面向中高端市场培育知名品牌，大力发展优质牛肉精深加工和休闲食品开发，实现增产增效；南疆和东疆以西门塔尔牛为主推品种，加快群体生产性能改良速度，提高个体单产水平，发展标准化适度规模养殖。到 2025 年，肉牛饲养量达 1 500 万头，存栏量达 800 万头，规模养殖比例达 50% 以上，牛肉产量达 90 万 t。

七、吉林省

(1) 肉牛存栏量 自 2013 年以来，全省牛存栏量和牛肉产量整体呈波动下降趋势。其中，牛存栏量在 2020 年达到最低的 285.48 万头。自 2017 年以来，吉林省每年的牛肉产量整体在 40 万 t 左右波动。2021—2022 年，全省牛存栏量和牛肉产量均呈现持续回升态势。2022 年，牛存栏量为 390.3 万头，在 2022 年全国牛总存栏量（10 215.85 万头）中的比重约 3.82%。

(2) 牛肉生产 全省牛肉产量为 44.32 万 t，位列全国第 6 位，在 2022 年全国牛肉产量（718.26 万 t）中的比重约 6.17%。

(3) 发展目标 到 2025 年，肉牛产业良种化、规模化、标准化、产业化经营水平显著提升，培育一批肉牛养殖大县，建设 100 个肉牛养殖大镇、1 000 个专业村、10 000 个养殖大户；规划建设十大肉牛产业园区，培育一批百亿元级、十亿元级和亿元级肉牛产业化龙头企业，打造全国大肉库、重要的肉牛种源供应基地、标准化养殖基地、精深加工基地。全省肉牛养殖总规模达到 1 000 万头。其中，存栏量 600 万头，出栏量 400 万头；肉牛养殖规模化比重达 30%，良种化程度达 98%；全省肉牛全产业链总产值达 2 500 亿元。

八、云南省

(1) 肉牛存栏量 2022 年，全省牛出栏量达 360.09 万头，占全国牛总出栏量（4 839.91 万头）的比重为 7.44%；存栏量达 878.87 万头，较 2021 年增加了 7.84 万头，增幅约 0.9%。

(2) 牛肉生产 2022 年，全省牛肉产量 43.61 万 t，占全国总产量（718.26 万 t）的 6.07%，位列全国第 7 位。

(3) 发展目标 到 2025 年，全省牛存栏量 900 万头，出栏量 400 万头，牛肉产量 50 万 t，肉牛产业综合产值达 1 000 亿元。培育年产值1亿元以上的肉牛企业20家，力争把云南打造成为我国南方重要的肉牛生产基地和高端牛肉供应基地。

第二节　国内肉牛产业结构化与转型升级发展

一、全产业链一体化发展

坚持政府引导、企业为主、农户参与、市场化运营原则，构建良种繁育、肉牛养殖、屠宰加工、市场销售等产业一体化体系，加速推进肉牛产品品牌发展战略，全面提升肉牛产品知名度和美誉度，推动肉牛产业向高端化、绿色化、融合化方向的跨越式、高质量发展。

肉牛养殖产业链环节多、链条长，涉及行业多，上游是遗传育种、饲草料及添加剂、动保防疫；中游是养殖，通常分为母牛养殖（繁育）和公牛养殖（育肥）；下游是屠宰、加工、流通和销售。在整个产业链中，上游和下游的产出都是标准化产品，行业成熟、格局稳定。同奶牛、猪、鸡养殖行业相比，国内肉牛养殖行业还处于比较原始、分散、薄弱的状态。

二、加快信息化数字化发展

以"畜牧生产智能化、销售经营网络化、监测管理数字化、技术服务信息化"为目标，推动产业链的大数据互联互通，逐步实现牛场全产业链数字化管理。

1. 加快推进智慧畜牧建设　完善畜牧业数据信息系统，加强数据信息实时监测预警，指导宏观调控。加强装备建设，推广应用养殖环境监控、体征监测、自动喂料、全混合日粮配制、废弃物自动处理、网络联合选育等设施装备，提升牛场机械化、自动化水平。支持企业运用现代信息技术，建设一批"智能牛场"，全面提升牛场机械化、智能化、信息化水平。

2. 建设大数据平台　依托地方农业农村大数据中心，建设覆盖荷斯坦公犊生产的养殖、出栏、防疫、检疫、屠宰、养殖投入品生产经营使用全流程管理信息系统，全面实现养殖、免疫、检疫、运输、屠宰等业务的数字化建设，对养殖状况、移动追溯、疫病预警监测等实行全程动态监控和追踪管理，提高重大疫情应急反应能力和养殖动态监测能力。

第四章

财务运营管理

第一节 牧场财务项目

一、牧场财务项目

牧场财务项目包括设备设施投资、存货、人工及制造费用、其间费用等。其中，设备设施投资，包括生活区、生产区、房屋建筑物、机器设备、车辆运输工具、办公设施等。存货，包括消耗性生物资产（奶公牛）、饲料、药品及其他低值易耗品等的购置及管理。人工及制造费用，包括人员工资及福利、临时人员的工作安排及协作费用，以及设备维修等制造费用的统计、归集、分摊。其间费用，包括营业费用、管理费用及财务费用等。

二、效益核算与管理

生产成本是衡量肉牛养殖场经济效益高低的重要指标，是经济核算的中心。

财务运营有两个注意点：一是以群为单位，群增重预期产生的收益大于饲养全成本、管理全成本，确保以群为单位，未来均会带来收益；二是每月收入大于每月支出，即每月现金流为正（青贮收储建议至少分3个月进行支出，最好是与中秋节、元旦、春节相关的3个月）。

群增重＝期末活重－期初活重。群体过大时，建议分体况良好、中等、差，按照比例进行选择称重，称重后按照比例折算成全群增重。

饲养全成本＝期初至期末每日饲养成本的累加

管理全成本＝除饲养成本以外分摊到该群的全部成本

除此之外，计算单头牛的利润，可按照下列公式进行核算：

单头牛利润＝出栏重×出售单价－（入栏成本＋在群期间饲养成本＋管理成本）

每一批次饲养过程中，会有一部分死淘，导致一些损失，这部分损失记录到管理成本中。

从财务运营角度，应定期与场长进行数据核算，及时反馈指导采购、销售、生产等。

第二节　牧场财务收支管理

牧场收入，指犊牛销售收入、育肥牛销售收入、出售粪便收入。

财务部门根据实际销售及时开具销售单，库房依据销售单开具出库单，并办理相关出库手续；同时，财务部门应当及时编制会计凭证，登记有关收入和与应收账款往来的会计账簿。除此之外，财务部门还应做好应收款项的催收与核对工作，保证与客户的往来核算一致。

牧场每月支出包括购买牛、饲料、兽药等支出，以及工资、水电费、设备维修费、固定资产折旧费、管理费、销售费、保险费等。

支出经办人必须认真填写相应凭单，由主管领导、财务部门及总经理审核签字后方可办理，费用报销时必须提供正规发票。

对于已流转完毕的账务单据，财务部门应当及时进行处理，登记相应的账簿，定期与有关部门对账，保证双方账项一致。

第三节 牧场财务考核指标

一、产值利润及产值利润率

产值利润＝产品产值－（可变成本＋固定成本）

$$产值利润率＝\frac{一定时期内总利润}{产品产值}×100\%$$

二、销售利润及销售利润率

销售利润＝销售收入－生产成本－销售费用－税金

$$销售利润率＝\frac{产品销售利润}{产品销售收入}×100\%$$

三、营业利润及营业利润率

营业利润＝销售利润－推销费用－推销管理费

$$营业利润率＝\frac{营业利润}{产品销售收入}×100\%$$

四、经营利润及经营利润率

经营利润＝营业利润±营业外收支

$$经营利润率＝\frac{经营利润}{产品销售收入}×100\%$$

五、资金周转率（年）

$$资金周转率（年）＝\frac{年销售总额}{年流动资金总额}×100\%$$

六、资金利润率

资金利润率＝资金周转率×销售利润率×100%

第二部分

生产管理篇

荷斯坦公牛
饲养管理及健康养殖

荷斯坦公牛

饲养管理及健康养殖

第五章

场址选择及牛场布局和建设

优良的养殖环境和先进的管理技术是中小型肉牛场健康养殖肉牛的基础。养殖荷斯坦公犊和荷斯坦公牛不仅要充分考虑地理位置、气候、水源、土壤等自然条件，还要考虑本地区城乡区域规划、交通运输、供电设施、商品销售渠道、粪污消纳处理、疫病预防控制等各种社会因素。

第一节　场址选择

一、位置

养殖场要与主要公路要道保持 300m 以上距离，远离居民区、学校、化工厂、屠宰场、集市等场所，避免搬迁和重建。

二、地势

场地应选在地势较高、干燥平坦、地形整齐、排水良好、背风向阳的地方。平原、河湖较多地区要考虑地下水位和雨量较多季节水位，山地、丘陵地区尽量选择较为平缓的向阳坡地，注意坡度不要大于 20°。

三、水源

水源一定要卫生、可靠、充足、取用方便，建议建立自己的水源，确保饮水安全。

四、交通运输和供电条件

要求交通便利，以利于及时运输设施、器械、饲料、产品、粪污等。另外，要保证场内供电充足和供电安全。

第二节　牛场布局

按照牛场生产管理属性不同，可以将荷斯坦公牛场划分为四个区域，即生产区、管理区、病牛区和污水粪便处理区。

一、生产区

生产区是牛场的核心区域，包括牛舍、草料棚、饲料加工车间、青贮窖等。

1. 牛舍　荷斯坦公牛舍应建在场内的中心位置，以便于经营管理和缩短运输距离。牛舍有单栋与多栋两种类型。单栋牛舍适用于小规模生产经营，一般采取单排平铺形式即可。多栋牛舍宜采用纵向平行方式，即鱼骨式，舍间距以 8～12m 为宜。牛舍内部应保持干燥、通风、清洁和卫生，定期清理粪便和消毒牛舍。牛舍内部地面应平整，无尖锐物，可以铺设软垫和草垫，并保持适宜的温度和湿度。同时，保证牛舍内光照充足。

2. 草料棚　单独建造，尽可能设在下风向，与周围房舍至少保持50m 远的距离，注意防风避火，一般以全封闭式或半封闭式为佳。

3. 饲料加工车间　宜与草料棚相邻，便于就近取料，减少运输距离。同时，要防止噪声对荷斯坦公牛和荷斯坦公犊造成不良影响。

4. 青贮窖　应建在地势较高、地下水位低、排水良好的地方，从而有效防止雨水流入和地下水渗入。

二、管理区

管理区是牛场的管理部门，负责指挥生产、草料补给、产品销售、对外联络，以及保障职工生产、生活的区域，一般建在地势较高、方便出入的上风口。

三、病牛区

病牛区包括兽医诊疗室、病牛舍等，应建在牛场下风口位置。与牛舍保持较远距离，人为设置隔离物，以预防疫病传播和蔓延，并配备废弃物无害化处理装置。

四、污水粪便处理区

污水粪便处理区应远离牛场和居民区。规模不同的荷斯坦公牛场，采取的方式方法不同。有条件的大中型牛场，宜采用污水净化装备来净化污水；对粪便进行生物发酵，循环利用。切忌将粪尿、污水直接排入江、河、湖、海等水域。

第三节　牛场建设

一、场地规划、设计

荷斯坦公牛养殖场要根据地形、地势、地貌和地块面积来规划、设计，合理布局建筑物，科学划分功能区，利用正确的饲养方式（拴系或散养），目的在于高效利用场地，便于组织生产、降低劳动强度、提高生产效率。在满足当前生产需要的同时，还应综合考虑将来扩建和改造的可能性。场内建筑物的配置要便于管理、便于防疫等，同时要统一规划，合理布局，做到整齐、紧凑、经济、实用。牛舍的形式依据饲养规模和饲养方式而定。牛舍应便于饲养管理，便于采光，便于夏季防暑、冬季防寒，便于防疫。修建多栋牛舍时，应采取长轴平行配置，当牛舍超过4栋时，可以两列并列配置，前后对齐，相距10m以上。

二、荷斯坦公牛场建设

荷斯坦公牛场内的功能区包括生产区、辅助生产区、管理区、隔离区等，其中生产区是场区核心，中小型荷斯坦公牛场主要是牛舍和运动场，可根据牛的品种、年龄、长势均匀度等统筹安排牛舍，合理配建运动场。荷斯坦公牛场牛舍采用全封闭式、半封闭式和薄膜暖棚式3种。

1. 全封闭式牛舍 四周有墙和窗户，顶部全被覆盖，有单列式和并列式两种。

（1）单列式 只有一排牛床，舍宽5～7m，高2.7m左右，舍顶可修成平顶或脊形顶，主要适用于小规模牛场或场地狭长的牛场。单列式布置的优点是通风、透光的效果好，排污方便，场区净道和污道分工明确，可避免净污交叉。缺点是道路和工程管线线路过长，耗材、耗力，增加劳动强度。

（2）并列式 舍内设有两排牛床，中央为通道，牛床呈对头形式，舍宽11～13m，高2.8m左右，以脊形或拱形顶棚为宜。并列式牛舍是中小型荷斯坦公牛场常用的经济实用的布局方式，其优点是既能保证场区净道和污道分明，又可缩短道路和管线长度，节约建筑材料，方便工人运输草料和进行饲喂、观察等管理工作，省工省时。

2. 半封闭式牛舍 牛舍三面建墙，向阳一面敞开，开放一侧建有栅栏。饲槽、水槽放置在栏内，牛散养在其中，可自由活动。该类型牛舍造价低，经济适用，但冬季的保暖效果较封闭式牛舍差。

3. 薄膜暖棚式牛舍 这是北方地区常用的一种牛舍类型，是半封闭式牛舍的一种特殊形式。牛舍三面建墙，向阳一面建有矮墙，顶棚用薄膜覆盖，冬季白天暖时敞开，夜晚冷时降下。该牛舍一般用树枝、竹片、钢筋做支架，既防风保暖又造价低廉，是寒冷地区小规模牛场的首选。

第六章

安全管理

第一节　生物安全管理

一、外来人员进出场区的管理

（1）未经场长允许，任何外来人员不得进入场区。

（2）经场长同意后，门卫必须询问外来人员入场事由，外来人员填写"外来人员入场确认单"，且在单上签字。外来人员离场时，将"外来人员入场确认单"及白大褂等交还给门卫后方可离开。

二、车辆进出场区的管理

（1）严禁一切外来车辆进入场区。

（2）需要进入的送货车辆，须配备车辆自动喷雾消毒器。或者牛场设置消毒池、消毒垫、背式喷雾消毒器，用于进出车辆轮胎、底盘及车身四周消毒。驾驶人员也必须下车消毒。

三、员工出入生产区的管理

（1）工作人员离开生产区时，应先洗净胶鞋上的粪污，换掉工作服、工作鞋。更衣室内必须有洗手盆、酒精、消毒液等，严禁将带有污渍的工作服、鞋、帽、手套等穿戴回生活区。工作服、鞋、帽应及时清洗，保证清洁卫生。

（2）生产区工作人员（包括外来人员），必须戴帽、一次性橡胶手套、口罩等防护用品，必要时佩戴防护眼镜。特别是兽医、挤奶人员、清粪人员等在工作时必须做好个人防护。

第二节　现场管理及安全生产注意事项

一、现场管理

（1）操作间物品摆放有序，用于生产记录的专用文件夹等摆放整齐，同种药物归类摆放，下班后做到地面干净。

（2）产房、操作间等的物品摆放整齐，安放有序。

（3）补损坏的门、围栏、水槽、料槽等要及时修补。

（4）及时清理现场，不得有乱扔口罩和手套等的现象。

（5）保证公告栏干净整洁。

（6）保持配电箱的外观完整。

（7）牛舍周边不能有杂草、废旧垫草等。

（8）水槽及水桶外观无泥渍、粪便，应保持清洁。

（9）人员着装做到统一规范。

（10）车辆有指定停放区域并停放整齐。每次启动车辆前应检查，定期保养车辆，车辆有故障立即停车通知汽修人员。

（11）垫料应存放于草料库、青贮场或者距牧场所有建筑物不少于100m的地点，按照库房管理制度统一管理；堆放区必须有标识（禁止带火种、禁止吸烟等）、灭火器；使用人工装卸的牧场必须停车熄火；每次使用后清扫现场，保证草垛整齐。

二、安全生产注意事项

（1）严格执行保密准则要求。

（2）人员饮用水应达到安全标准，饮用水放置在卫生、清洁且不易被污染的地方（配置专用柜），人员应有专用水杯。

第三节 流程执行红线管理和防疫安全管理

一、流程执行红线管理

（1）严禁各牧场随意编造数据，保证上报数据的真实性。

（2）严禁各牧场私自更改制度流程，如牧场有实际情况需要调整流程，须向集团中心报备。

（3）报送犊牛指标剔除请示要求

①各牧场如有剔除请示，需根据牧场时间安排，设置最晚期限，如需在最晚每月3号中午下班之前将剔除材料报送中心备案，完整签字版最晚于5号报送。

②请示需写明原因、完整数据、执行时间等具体内容，如剔除原因、数据涉及的其他部门，需将牧场签字请示报送相关中心签字确认后再报送分管中心审核。

二、防疫安全管理

关于防疫安全管理，具体包括以下几个方面：

（1）牛群保健贯彻以防为主、防重于治的方针。

（2）发现疫病，严格按照兽医防疫规定，认真执行消毒、隔离、封锁、毁尸、上报等规定。

（3）场内不得任意解剖死牛，需要剖检时应征得防疫部门的同意，在指定地点进行，并做好剖前、剖后的消毒工作。

（4）凡新购入牛必须具备完善的防疫卫生卡片，并隔离观察20～30d，无病后方能合群饲养。

（5）场地在每季度、牛舍在每月进行一次大消毒，每班使用的各种饲喂工具及器具必须清洗干净并定期消毒。

（6）定期进行防疫注射和检疫工作。

第七章

人员管理

第一节　人员组织架构和配置

一、人员组织架构

集约化荷斯坦公牛养殖场一般设置总经理、场长、采购部、财务部、销售部等，总经理直接管理场长、采购部、财务部和销售部，场长直接管理牧场信息部、饲养部、技术部、人资行政部、后勤保障部及采购部（见下图虚线）。

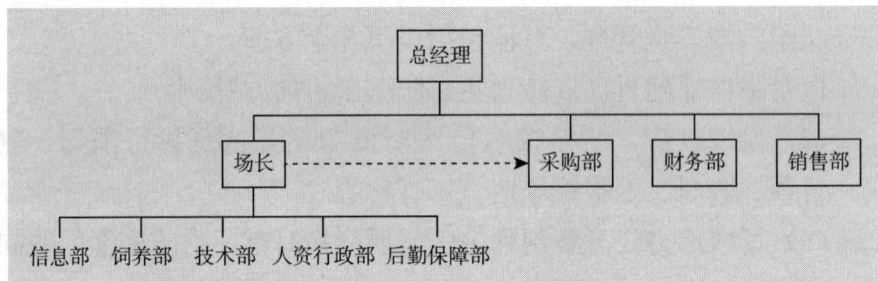

1. 总经理　全面主持牧场的生产、运营工作，负责制定场长、采购部、财务部、销售部的管理制度及考核指标，对内检查落实各项工作进展、评估各部门绩效，对外熟知市场信息，并按预期调整养殖计划；同时，积极协调处理场内外各部门之间的工作，确保部门之间的有效沟通。

2. 场长　全面管理牧场的安全、生产工作，是牧场安全和生产水平的第一负责人，对下属各部门等工作落实情况进行检查及绩效管理；负责协调场内各部门之间的工作，以确保牧场工作持续高效运行。

（1）信息部 负责每日将牛的全部变动信息（转群、称重、发病、治愈、买入、卖出、入群、离群等）录入至管理软件；根据管理软件提示，对活动量异常、采食量异常、有发情行为、需要转群等情况的牛下发任务单至技术部，下班前确认技术部对任务单的落实情况，并核查是否存在遗漏事项；至少按月对牛群结构、采食量（饲养投入）、增重（产出）、发病治愈情况及出入牛群信息作数据总结分析。

（2）饲养部 负责建立牧场饲养管理制度，制定饲养工作流程，负责原料入场检测及是否满足入场标准，负责精准营养技术方案的落地执行、疾病预防，根据前一天各个圈舍的剩料情况，调整饲喂比例并及时下发派料单，并定期组织饲养会议，分析生产指标及改善方法。

（3）技术部 负责建立牧场疾病防控、治疗技术管理制度，负责建立并完善配种管理制度，负责制定疾病防控、诊疗技术方案，并作为第一参与人参与技术方案的执行、结果确认或再优化技术方案、结果再确认，直至达成技术方案中的要求。需当日核查并反馈每日信息部下发的任务单；定期针对疾病控制及诊疗情况进行数据汇总分析，并给出相应的改善措施。

（4）人资行政部 负责人员招聘、上岗前体检、入职安全及岗位工作内容培训；负责牧场参观学习接待、讲解牧场发展历程及未来规划等；负责生活区食堂、宿舍、办公室日常管理工作；负责除活牛外的物资采购；负责牧场 KPI 考核数据汇总及分析；负责牧场人才盘点和晋升通道岗位级别收入的设计；负责全场团队建设（每年至少一次）及协助部门内部团队建设，增加全员的主观能动性，促进工作更加协同高效。

（5）后勤保障部　负责定期进行牧场设备检修、保养，发现问题并及时解决，保证安全运转；做好维修备件的预算，维修备件进场后应逐一进行鉴定，保证维修间的卫生环境、备件及维修工具符合牧场精益管理要求；负责牧场电焊维修工作；负责牧场牛场舒适度的维护工作，同时协助执行牛场消毒工作。

3. 采购部　负责查找优质牛源，定期采购荷斯坦公犊、精饲料、粗饲料、药品等。采购以季度或者半年进行招标的方式进行，采购时要求依据场长提供的需求进行招标。

4. 财务部　负责牧场的财务管理工作，定期整理出经营分析报告，并组织财务分析会议。

5. 销售部　负责活牛各养殖阶段的销售信息搜集、整理及分析，并组织销售分析会议。

二、牧场人员配置

以设计规模 3 000 头集约化牧场为例，牧场有容积为 $20m^3$ 的全混合日粮车 2 辆；标准化牛舍 3 栋，每栋 4 个区域，每个区域可饲养 200 头牛；隔离舍 4 个，每个舍可饲养 150 头牛，人员配置为：总经理 1 名、场长 1 名、采购部 2 名、财务部 3 名、销售部 3 名、信息部 4 名（数据采集录入 2 名、日粮采食消化等监控工作 1 名、采购信息统计库存量管理 1 名）、饲养部 10 名（日粮操作工 3 名、饲养员 5 名、营养配方师 1 名、饲养现场管理 1 名）、技术部 4 名、人资行政部 2 名、后勤保障部 6 名（维修 3 名、炊事员 1 名、门卫 2 名）、杂工 2 名（也叫万能工，临时顶岗），合计 38 名。

第二节　人员检查与考核

一、场长检查与考核

由总经理或者上级领导进行检查与考核，每个季度检查一次，每年年底之前考核一次，按照相关工作标准进行。检查和考核以工作业绩为主，并且进行民主测评。结果达到 80 分以上（按 100 分制）为合格，低于 80 分由总经理或者上级领导提出警告，连续两年低于 80 分时予以解聘。如检查考核结果达到 90 分，按照标准工资全部兑现，每少 1 分扣发 1‰工资。

二、部门检查与考核

由场长或主管领导进行检查与考核，每个季度检查一次，每年年底之前考核一次；按照相关工作标准进行。检查和考核以工作业绩为主，并且进行民主测评。结果达到 80 分以上（按 100 分制）为合格，低于 80 分由场长或者总经理提出警告，连续两年低于 80 分时予以解聘。如检查考核结果达到 90 分，按照标准工资全部兑现，每少 1 分扣发 1‰工资。

第八章

荷斯坦公牛流程制度管理

第一节　荷斯坦公犊流程制度管理

一、管理目标

接产成活率（出生 24h 以内）：＞98％。

饲养成活率：＞97％。

犊牛哺乳期日增重：＜800g（占比＜15％）。

疾病管理（腹泻、肺炎发病率）：均≤10％。

4～5 月龄体重：＞170kg（合格率＞90％）。

二、接助产管理

1. 产房环境

（1）产房位置要紧靠围产舍和产后牛舍，方便随时转舍。

（2）每日清洁、消毒待产区，保持待产区干净、干燥、舒适、安静、通风且光线充足。

（3）待产区垫料保持松软、干净且厚度＞20cm。

（4）待产区有充足新鲜的日粮和清洁的饮水。

2. 接产用药及器械工具

（1）药品等　有催产素、新洁尔灭、高锰酸钾溶液、液体石蜡、止疼药、抗生素、脐带消毒用品（10％碘酊）等。

（2）产科器械及工具等　有保定栏、热水器、照明设备、水桶、消毒毛巾、长臂手套、橡胶手套、助产器、手术剪、转运犊牛车、犊牛马甲、耳牌及耳号钳等。

3. 接助产流程标准 原则上能自然分娩的母牛让其自然分娩，遇到正在分娩的母牛尽可能不去打扰。需要接产助产时应严格按照操作标准进行，以确保母牛和犊牛安全。

（1）正常分娩 首先，接产员观察临产母牛的情况，了解其体质情况和胎膜露出至排出胎水的情况。当临产母牛有胎膜漏出时，必须将立即转到产犊区域。如果胎儿正常，正生时"三件"（唇及两蹄）俱全，可让母牛自然分娩。

当转到产犊区域之后，接产员要每隔 20min 观察一次母牛产犊状况，如若没有进展，则需要进行胎位检测。检测前首先用新洁尔灭溶液清洗母牛的外阴部，然后更换新的长臂手套并消毒。胎位异常时及时进行助产，助产时从母牛的后方逐步轻声靠近，避免母牛受到惊吓。确定尿囊膜出来后，当头胎牛超过 2h、经产牛超过 1h 仍不见产犊，则需要接产员人为干预检查是否需要助产。若需助产，先清洗消毒母牛外阴部，更换新的长臂手套并消毒；助产时随母牛努责均匀用力，使用更多的润滑剂，尽可能不使用助产器。母牛产后于其左侧尻部标记产犊日期，于左侧背部标记产犊的难易度评分。除了以上基础操作外，产房的防疫也需注意，死胎、胎衣、污染的垫料要立即清理，产房更换垫料后需彻底消毒一次。

特殊注意：助产工具必须经过严格消毒，如用 0.1% 新洁尔灭溶液浸泡至少 10min。禁止粗暴行为，如恶意打牛。

（2）难产及助产

①难产。

A. 母体性难产。包括产力不够（子宫迟缓、努责无力）、产道狭窄（骨盆狭窄、阴门狭窄、子宫颈开张不全、子宫扭转）等。

B. 胎儿性难产。有胎儿与母体骨盆大小不适（胎儿过大、双胎难产、胎儿畸形）、胎向异常（背竖向、背横向）、胎位异常（侧位、下位)、胎势异常（头颈侧弯、腕部前置、前肢置于颈上、坐骨前置）等。

②助产。

A. 助产类型。

轻度助产：指仅需1人徒手辅助母牛而母牛就能正常分娩的助产。

中度助产：指在矫正胎位、胎势后母牛能够自然分娩或仅需2人徒手辅助的助产。

重度助产：指需要2人以上或使用助产器助产及剖宫产。

B. 助产原则。助产是专业性很强的工作，一定要在专业人员的指导下进行。

4. 新生犊牛护理与保健

（1）保证呼吸顺畅　犊牛出生后首先清除其口腔、鼻孔内的黏液，保证呼吸正常。

（2）脐带消毒

方法1：犊牛出生后用消毒过的手术剪剪断脐带（保留脐带长度为5～10cm），然后立即用10%的碘酊消毒（用注射器灌入脐带内5mL），30min后、次日再分别消毒一次，共3次。

方法2：犊牛出生后用消毒过的手术剪剪断脐带（保留脐带长度为5～10cm），然后立即用10%的碘酊消毒，时间不少于30s，次日再用10%碘酒浸泡消毒脐带，共2次。

（3）耳号管理　按照牧场的编号规则对犊牛进行编号，使用专用笔将编号分别整齐地写在2个耳标上，分别用耳标钳钉在犊牛的左右耳上。

（4）擦干体表黏液　打完耳号后擦干新生犊牛体表黏液。

（5）母犊分离　犊牛出生后应在20min内完成上述操作并与母牛分开，以避免建立亲情关系。

（6）称重及转移　与母牛分开的犊牛需进行初生重的称量和记

录，然后转入犊牛笼（保育舍）。

（7）灌服初乳　转入犊牛笼的犊牛要在 30min 内首次灌服初乳。

（8）产犊记录　上述操作完成后需详细填写产犊记录，包括产犊日期及时间、母牛耳号、犊牛耳号、犊牛初生重、犊牛性别、顺产或助产、助产方式、初乳产量，以及饲喂初乳的时间、饲喂量等信息。根据需要可将上述信息分成产犊记录和初乳灌服记录两个记录表，分别在产犊舍和保育舍完成。

（9）转移（犊牛岛、合群管理）　保育栏中的犊牛经过 24h 的观察，符合留养条件的即可转出。如果转入犊牛岛单独饲养，则需保证每个犊牛岛面积为 3～5m²。如果转入犊牛舍进行合群饲养，则需要保证每头牛至少有 5m² 的活动面积。

5. 初乳采集与保存

（1）初乳采集　母牛产犊后 30min 开始采集初乳，其标准流程为：将新产母牛在产栏中进行保定→挤去前 3 把奶→药浴消毒乳头→药浴 30s 后用一次性纸巾擦净乳头→套杯挤奶→挤奶结束后对乳头进行药浴消毒→将母牛转入新产圈→将挤出的初乳转入干净的奶桶中待检。

（2）初乳检验　只有经过检验合格的初乳才能用于饲喂新生犊牛或保存。

①感官检查。乳汁黄色、黏稠，呈奶油状。感官检查不合格的初乳一律不能用于饲喂新生犊牛或保存。

②初乳折光仪检测。

A. 校正，仪器在测量前需要校正。取蒸馏水数滴，放在检测棱镜上，拧动零位调节螺丝，使分界线调至刻度为 0 的位置。然后擦净检测棱镜，进行检测。

B. 打开盖板，用软布仔细擦净检测棱镜。取待测初乳数滴，置于检测棱镜上，轻轻合上盖板，避免产生气泡，使初乳遍布棱镜表面。将仪器进光板对准光源或明亮处，眼睛通过目镜观察视场，转动目镜调节手轮，使视场的蓝白分界线清晰。分界线的刻度值即为初乳的白利度。

C. 糖度计检测，即先将糖度计开机放置清水内校准，将归零后的糖度计放置于初乳内即可读数。

D. 合格的初乳，用折光仪和糖度计检测出的白利度的值都需要≥23（即免疫球蛋白含量≥50g/L），糖度值检测<23 的初乳都视为不合格，不得用于饲喂新产犊牛或冷冻保存。若部分母牛二次乳的白利度检测值≥23，也可用于饲喂新生犊牛或冷冻保存。

（3）初乳保存

①将挤好的初乳于第一时间进行检测，合格的初乳进行巴氏杀菌后即可饲喂犊牛，多余的初乳需要进行保存备用。

②需保存的初乳用初乳专用容器进行 2L 或 4L 的定量封装。

③将记录有初乳密度、初乳量、采集日期、母牛号、记录人的标签贴于初乳袋上，以备使用时方便识别。

④装袋后的初乳应在第一时间放入巴氏杀菌机内进行消毒（温度设为 60℃，时间为 60min）。

⑤将消毒好的初乳取出，在 20min 内降温到 15℃，再放入冰柜内冷冻保存，存放时间不得超过 6 个月。

（4）初乳解冻

①将初乳取出进行解冻，解冻温度不能超过 50℃，解冻时间为 20min。同时，观察初乳中是否有乳块或颜色是否发生了变化，如有，则不能使用。

②解冻完毕，测量初乳温度，达到 38～40℃时方可饲喂犊牛。

6. 初乳饲喂及灌服

（1）饲喂时间及饲喂量　犊牛出生后 12h 内必须饲喂 6L 初乳，可用奶瓶或灌服器。

①犊牛出生 30min 内一次喂 4L 初乳。对于初生重＜35kg 的犊牛需饲喂 3L 免疫球蛋白≥70g/L 的初乳，以保证免疫球蛋白的摄入量达到 200g/L 以上。饲喂初乳后 2h 内严禁驱使犊牛或转运犊牛。

②出生后 6～12h 再喂 2L 初乳，初乳不足时可用质量较好的二次乳。

③弱犊可在出生后 24h 喂第 3 次初乳，饲喂量为 2L。

（2）初乳灌服流程

①将初乳装入初乳壶中，保持初乳温度为 38～40℃。

②将犊牛夹于两腿之间，用一只手抬高犊牛头部，另一只手将初乳壶的乳导管经嘴角匀速、缓慢导入食管内，使乳导管口到达食管沟处。

③抬高初乳壶，使初乳从管道经过食管而导入皱胃（真胃）内。

④初乳灌服完成，再匀速、缓慢取出乳导管。

⑤记录初乳灌服量（以"升"为单位）和初乳质量。

⑥每头牛灌服后必须对初乳壶和导乳管进行清洗、消毒、晾干后方可再次使用。

（3）犊牛血清免疫球蛋白检测管理　为了掌握犊牛灌服初乳的效果，要在犊牛出生后 24～48h 开展血清免疫球蛋白检测。血清中的免疫球蛋白含量≥5.5g/dL 为合格标准。如果检测值低于此标准，对于个体来说意味着被动免疫失败。犊牛群体免疫球蛋白水平低于 5.5g/dL 则说明存在被动免疫失败的风险。如这一比例过高则说明初乳质量或初乳饲喂出现了问题，需查找原因并及时纠正。

三、新生犊牛保育环境管理

主要有：光照时间不低于 6h，温度为 10～25℃，湿度为

30％～40％，垫料厚 20～30cm，每天清理消毒 1 次，保持环境通风良好。

四、新生犊牛留养管理

（1）畸形胎不留养（包括 X 形、O 形、Y 形腿，先天性心脏病，天然孔闭合不全，瞎眼，先天性白内障等其他先天性疾病牛）。

（2）弱犊牛视情况不留养（包括呼吸困难、全身软弱、无力、心跳弱或过强、体温低并紧咬牙、眼睛无神等情况），须有主管及以上人员负责确认。

（3）视牧场犊牛管理水平和存栏数量确定出生体重的留养标准。出生体重≥28kg 的单胎犊牛和双胎弱犊牛的成活率较有保证，均可留养。若犊牛饲养管理水平较高或犊牛群体较小需要扩大规模的，则该项指标可向下设定到 25kg。

第二节　荷斯坦公牛育肥流程制度

一、培育目标

8 月龄体重达 300kg，体重合格率＞85％。

二、饲养模式

采用散栏＋卧床＋运动场或散栏＋运动场的饲养模式。

三、饲草要求

感官检测，饲草不能出现发霉变质的情况，建议呕吐毒素含量控制在 5 000μg/kg，黄曲霉毒素含量控制在 30μg/kg 以内，禁止给牛饲喂发霉变质及毒素含量超标的饲草。在满足卫生指标的前提下，可以使用优质低能干草，如酸性洗涤纤维及中性洗涤纤维含量较高的小麦秸秆、玉米秸秆、稻草等。

四、饲草的预处理

1. 处理方式 用专业干草预处理设备或全混合日粮搅拌车，最好设置除尘设施，降低灰分和毒素污染风险。

2. 预处理后的颗粒度标准 宾州筛1层＋2层的料占比70％，上层干草的长度为3～5cm，且均匀一致。

五、全混合日粮卫生指标要求

使用 Romer 试剂盒过净化柱酶联免疫法检测的呕吐毒素含量＜1 000μg/kg，用液相色谱法则需要求＜500μg/kg。

六、全混合日粮的物理结构

育肥前期和育肥后期荷斯坦公牛日粮营养指标分别见表8-1和表8-2。

表8-1 育肥前期荷斯坦公牛日粮营养指标（干物质基础）

营养成分	含量（％）
增重净能（MJ/kg）	4.2～4.6
粗蛋白	14.5～16.5
脂肪	2～3
酸性洗涤纤维	22～25
中性洗涤纤维	32～35
非纤维性碳水化合物	32～38
淀粉	25～30
钙	0.35～0.61
磷	0.22～0.28

表 8-2　育肥后期荷斯坦公牛日粮营养指标（干物质基础）

营养成分	含量（％）
增重净能（MJ/kg）	4.8～5.3
粗蛋白	12.5～14.5
脂肪	3～5
酸性洗涤纤维	16～20
中性洗涤纤维	22～28
非纤维性碳水化合物	45～55
淀粉	35～42
钙	0.46～0.50
磷	0.34～0.38

注：育肥期荷斯坦公牛日粮结构为全株玉米青贮＋干草＋精饲料模式。

七、采食量调整

每月进行一次体况评分，并抽检 20％牛群监测体重（称重时间要一致，避免肠道内容物对体重的影响）、体高，记录生长参数，根据实际情况调整干物质采食量，调整幅度在±0.5kg。

八、日粮水分控制

夏季日粮水分控制在 50％～52％，冬季日粮水分控制在 48％～50％。其他季节，根据牧场的温度和风速进行临时调整。

第九章

饲养管理

第一节 荷斯坦公犊饲养管理

一、生理特性

1. 消化系统发育不完全 犊牛出生后皱胃较为发达，占总胃容量的 60% 左右，而瘤胃、网胃和瓣胃的发育不完全。初生犊牛瘤胃容量占总胃容量的 25%，网胃占 5%，瓣胃占 10%，这也使得瘤胃几乎没有消化功能。犊牛的消化系统有一个特殊的结构——食管沟，犊牛在吮吸母乳时，前胃的食管沟闭合呈管状结构，使乳汁直接经由食管沟进入皱胃。随着犊牛日龄的不断增加和反刍的出现，前胃得到一定的发育，瘤胃内微生物开始生长，胃容量也逐渐变大。这也代表犊牛无法消化吸收除母乳外的任何营养。

2. 体温调节功能差 犊牛出生前在母牛的子宫内，属于恒温环境，出生后机体一时无法适应，加之犊牛的体温调节功能差，故很容易受到外界环境的刺激。特别是刚出生几个小时的犊牛，肺脏的细胞壁较薄，不能受寒冷刺激，否则容易引发肺炎。当犊牛长时间处于冷应激或热应激条件下时，会对后期的生产性能造成巨大的影响。

3. 免疫力低下 新生犊牛的免疫功能发育不完善，容易受到细菌、病毒、真菌、寄生虫等的侵袭。出生后未摄入初乳的犊牛体内没有免疫球蛋白抗体，免疫力极低，稍有不慎就会生病。

4. 代谢旺盛 犊牛的生长发育速度较快，新陈代谢速度也比较快。从出生到断奶，犊牛的各项组织器官都在逐步完善，这一阶段是牛一生中生长速度最快的时期，因此应当尽可能地提升犊牛的营养水平，尽早训练其开食，为育肥打好基础。

二、饲养管理

1. 巴氏杀菌奶的饲喂管理 将奶温保持在60℃、30min，水浴冷却至40~45℃后进行饲喂。

2. 酸化奶的饲喂管理 将巴氏杀菌奶转入制冷缸内，使温度下降至10℃以下（不易使奶水分离或结块），按每千克牛奶加30mL甲酸溶液的比例向牛奶中缓慢加入85％甲酸溶液（按照1L甲酸兑9L水配制，注意要先将甲酸沿桶壁缓缓加入水中后搅拌均匀），边加边搅拌，混合均匀后检测牛奶的pH，使pH为4.2~4.3（此范围内的酸化奶适口性最好，且可储存3d）。调整pH至合适后，将做好的酸化奶在酸化奶罐内不停搅拌8~10h，饲喂之前将酸化奶加热至30℃即可。

酸化奶恒温罐通常配有6个奶嘴，可饲喂16~24头哺乳犊牛。对新生犊牛进行引导采食，待其熟悉采食方式后于哺乳期间即可全部自由采食。饲喂中要保证有足够的酸化奶。酸化奶罐或饲喂桶需保证奶温处于36~38℃。酸化奶的搅拌频次及每次搅拌的持续时间需根据现场设备运行情况调整，确保犊牛饮奶时奶液不分层。酸化奶箱每天进行一次温度检测，温度不正常时立即调整。酸化奶箱的内桶每隔2d清洗1次，奶箱内外每周彻底清洗2次。奶嘴每隔1d进行清洗消毒，冬季每隔2d清洗消毒。制作酸化奶的奶罐每次打净奶后都需进行彻底清洗。

3. 荷斯坦公犊断奶前期减奶流程 不论在任何日龄断奶，都要有一个适宜的过渡。对于采用巴氏杀菌奶按顿饲喂的牧场，减奶可通过逐渐减少单顿的饲喂量和饲喂次数两种方法结合使用来实现。采用酸化奶自由采食的牧场相对简单，只需要逐步减少每天的饲喂量即可实现。减奶的同时增加犊牛开食料的供应，保证犊牛自由采食开食料。

对于常见的 60 日龄和 75 日龄荷斯坦公犊断奶过渡喂奶流程分别参考表 9-1 和表 9-2。

表 9-1　荷斯坦公犊 60 日龄断奶过渡流程（参考）

日龄（d）	50～51	52～53	54～55	56～57	58～59	60
奶量（L）	10	8	6	4	2	0

表 9-2　荷斯坦公犊 75 日龄断奶过渡流程（参考）

日龄（d）	60～62	63～65	66～68	69～71	72～74	75
奶量（L）	10	8	6	4	2	0

4. 荷斯坦公犊饮水管理　犊牛出生 24h 后，转到犊牛岛或混群饲养后要不间断地给其供应饮水。必须保持水槽（桶）洁净，水清洁。冬季较为寒冷的地区，必须给犊牛提供温水（温度控制在 35～40℃）。在没有给水加热的北方牧场，不能提供 24h 不间断供水的，冬季可以采用定时定温的按顿饲喂方式，供水时间在喂奶后的 0.5h 较为适宜。

5. 荷斯坦公犊开食（颗粒）料营养与贮存

（1）营养含量　荷斯坦公犊开食（颗粒）料推荐营养指标详见表 9-3。

表 9-3　荷斯坦公犊开食（颗粒）料推荐营养指标

项目	推荐值（%）
水分	≤14
粗蛋白	≥20
粗脂肪	≥2
钙	0.8～1.0
磷	0.4～0.5

（2）贮存　每批饲料入库前必须进行感官检查及粉化率等指标

检测。饲料必须存放在避雨的库房内，底部要有托盘或其他支架将饲料与地面隔开，饲料不得出现返潮情况。定期抽检饲料，出现发霉变质时应立即停止使用；饲料中的水分含量出现升高时应及时查找原因，并改善饲料储备条件。

6. 荷斯坦公犊环境管理

（1）给荷斯坦公犊提供充足的运动空间，每头犊牛应有不小于 $3m^2$ 的运动面积。

（2）保持牛舍通风、干净、干燥。

（3）工作人员每天做好巡栏工作，观察犊牛的精神、粪便、采食、呼吸等状况，如有异常必须立刻进行诊治。

（4）做好牛舍消毒工作。

（5）犊牛转群时尽可能整栏牛同时转移，在犊牛转出后及时清除栏内所有垫草，使用 0.2% 的氢氧化钠溶液或生石灰进行彻底消毒，然后再铺上垫草备用。

（6）定期（夏季每周 2 次，冬季每周 1 次）对牛舍进行带牛消毒，定期更换消毒液。

（7）冬、春季犊牛舍环境温度需维持在 10℃ 左右，低于 10℃ 时要给犊牛穿棉马甲御寒。

（8）舍内垫料适宜用沙子、稻壳，冬季也可以用稻草。

7. 哺乳期荷斯坦公犊管理

（1）免疫与驱虫管理　荷斯坦公犊在 70 日龄左右处于球虫病的高发期，应在断奶之后、转群之前做好预防工作，每头荷斯坦公犊可灌服百球清 30mL。

（2）去角　1～3 日龄荷斯坦公犊即可用去角膏涂抹法进行去角。首先将犊牛头部擦拭干净，修剪角芽周围的毛发，标记去角膏使用的位置，小心涂抹去角膏。如寻找角芽较为困难时可在犊牛出生后 2～3 周用去角膏去角或电烙铁去角。无论使用哪种方法，都要求找准角芽位置，正确操作。

三、断奶荷斯坦公犊饲养管理

1. 采食量管理 断奶荷斯坦公犊不同月龄颗粒料和粗饲料的采食量详见表9-4。

表9-4 断奶荷斯坦公犊不同月龄颗粒料和粗饲料的采食量（kg）

月龄	颗粒料	粗饲料
3	3～4	0.3～0.6
4	4～5	0.4～0.8
5	5～6	0.5～1.0

2. 断奶过渡期饲养管理 断奶过渡期是指犊牛断奶之后到更换完二段生长料这段时间，由于不同地区的养殖条件和不同牧场的饲养水平、管理方式不同，故此阶段的起始时间并不固定。断奶后在原舍内停留1周再转入断奶牛舍，以8～10头牛的小圈饲养较为适宜，并根据犊牛个体大小进行分群。

3. 生长期饲养管理 要按照颗粒料的10%添加优质燕麦草，让犊牛最大化采食颗粒料，不限量。增加颗粒料时每隔2d增加1kg，让犊牛有一个适应过程，不能一次性增加太多。每天检查精饲料的采食情况，根据头一天的采食量适当增加，尽可能每天投喂新鲜饲料，以促进犊牛采食。不间断给犊牛提供清洁的饮水。根据日龄及体高，每月进行一次分群。

第二节 荷斯坦公牛育肥管理

在每次进入牛之前，育肥公牛圈舍都要用1%过氧乙酸溶液或1%高锰酸钾溶液或3%福尔马林溶液进行一次彻底消毒。在整个育肥期间，每个月坚持消毒1次，每天清理圈舍内外粪便、垃圾污染物，保持圈舍的清洁卫生。

在进入育肥舍前，对育肥牛逐一检查。如果从外地购进育肥牛，必须隔离观察 30d 以上，健康的牛只有进行疫苗免疫和药物驱虫后才能进入育肥舍。

育肥牛在圈舍内养殖 1 周后，用 0.3％过氧乙酸溶液进行 1 次全面喷雾消毒，并使用阿维菌素等驱虫药物对体内和体表寄生虫进行预防性驱虫处理。在正式育肥前，给牛健胃 2～3 次，并按照少量多次的原则逐渐增加饲料量，保证育肥牛能更好地适应养殖环境。

在育肥前期，做好体表寄生虫和体内寄生虫的驱虫处理。随着育肥周期的增长，逐渐增加投喂量。这个阶段要保证饲料营养价值全面，让育肥牛多采食、多休息，做到定时定量投喂，并观察牛的采食情况，一旦发现异常则要紧急调整日粮配方。

第十章

信息管理

第一节　牧场信息化管理

一、总述

牧场信息化管理，就是将计算机技术和信息化管理技术相结合，应用软件工程学方法针对牧场生产管理的实际需求所研发的应用管理程序。信息化管理是牧场现代化发展的必经之路。对于一个规模化牧场的管理者来说，要管理好牧场，必须重视信息化。生产管理信息化是牧场信息化管理的基础，牧场及时、准确地将信息录入管理程序，对各项原始数据进行自动分类、分阶段储存，并进行分析和评估，给出初步结果，可对疫病早期、准确判断提供参考。随着集约化牧场饲养规模的不断增大，牧场信息化管理将会越发重要，如管理人员及各个部门之间的数据能够共享，让工作更加高效协同。

二、信息化管理平台的建设与应用

信息化管理平台建设的技术架构与组成包括硬件层、控制层、管理层、分析层、指挥层。

1. 硬件层　基于牧场的基建设施和生产设备等硬件设备，选择可靠的服务器，并保证其具备足够的储存空间和处理能力，能为牧场提供合理的智能化应用升级规划设计。同时随着信息化大数据的采集，不同功能的智能硬件让牧场智能化、精细化管理有质的提升，具体体现在通过更加专业化、智能化的数据采集，对后期的成本管控有更加全面的分析，节省人工的同时对牧场人员管理更加方便，数据的准确性能够更上一个台阶。例如，风扇喷淋的智能化控制可以充分保证在牛需要时及时开启关闭，节省人工费、水电费及硬件损耗；另外，风扇喷淋的温湿度变化指标能够让牧场对牛群管理多了一个分析维度，让牧场在分析查找问题时更加准确。

2. 控制层 新牛智能软硬件一体化产品，包括新牛智能自动控制盒、传感器采集盒、边缘计算中心、新牛智能中间件等多种类型产品，能够实现对牧场硬件设备的物联网数字化改造升级。控制层包含各类传感器和自动控制器，针对牧场现状，分为3种：第一种是对牧场硬件设备进行物联网升级，如灯光、风机、喷淋、饮水、粪污处理，将硬件设备运行状态及数据实时传输集成到云端，对部分执行开关进行远程控制；第二种是把牧场已有的各独立系统，如发情监测系统，与新牛人牧场管理系统实现双向实时数据互联，在新牛人牧场管理系统中输入牛群事件，可以自动写入到监测系统，不用重复录入；第三种是在后备牛体高、体重生长监测，全混合日粮（total mixed ration，TMR）上料、撒料、推料，犊牛定量饲喂等关键环节增加新型的人工智能传感器和控制器，形成对各关键环节更为全面、实时有效的数据体系和自动控制体系。

3. 管理层 全面支持软硬件的远程管理和APP实时管理，支撑牧场各岗位的日常工作。新牛人牧场管理层系统分为4个管理体系，即工单任务预警体系、智能设备实时控制体系、日报指标监控体系、专业分析体系；支持现场管理者用APP查看数据分析；实现软硬件一体化、业财一体化、数据互联互通，通过智能设备提高现场工作效率和自动库存管理；通过各场景交互，实现智慧牧场自动化、智能化、数字化管理。

管理层也承载了及时有效的获取指挥层下发决策的能力，作为管理层，能通过有效准确的大数据信息管理来分析具体问题。例如，在生产效率方面，保证管理层有更加清晰的方向，做到进一步地细化指令、分解指令。

4. 分析层 基于大数据平台，进行对标分析和指标预警。全面支持多数据源接入，形成日报、周报、月绩效体系、繁殖分析、健康分析、成本分析、管理分析等各专题分析。将采集到的多方位数据汇总在智慧牧场的一个平台上，对分析问题形成一个更加全面的流程，让问题更加清楚、直观、细化、多维度地得以展现并验证。

5. 指挥层 大数据中心可对牧场实现远程控制监管、运营管理、数据分析、预警查看、对标分析。通过基础数据的采集，完善大数据信息化上传，最终的结果通过智慧牧场大屏幕展示，在指挥层上整体发现不同阶段的表现趋势，以便于能更及时有效地发现问题，从而下发更加准确的指挥决策，做到行之有据，下发有效。

第二节 牛群信息管理

牛耳号管理，建议单一牧场，以年份（2位数字，如2023年用"23"）＋3位或4位数字入场编号（入场排到多少位就是多少号，如001代表该年第1头入场的牛或201代表该年第201头入场的牛）＋4位数字出生月份（如2309代表2023年9月出生的牛）。

拥有管理软件（如新牛人、一牧云）的牧场，只需要每日及时准确地将牛群变化信息录入软件，并定期提取数据进行分析即可。假如牧场还没有管理软件，仍以Excel表格为记录方式时，则需要把关键点的信息记录下来。

一、犊牛信息管理

需要采集及记录入表/系统的信息包括牛号、来源（自繁、外购地）、出生重/入场重、出生日期/入场日期、断奶重、断奶日期、转育成体重、转育成日期、发病名称、发病日期、治疗及预后情况、防疫日期、消毒日期、垫草垫料日期等。

二、育肥牛信息管理

需要采集及记录入表/系统的信息包括牛号、来源（自繁、外购地）、入群重、入群日期、转群重、转群日期、干物质采食量、发病名称、发病日期、治疗及预后情况、防疫日期、消毒日期、垫草垫料日期、出栏重、出栏日期等。

三、牛群档案管理及使用

牛群采集的数据在每周、每月都要备份，会议分析的数据每月也要备份，必要时做查看权限的划分。每周或每月，实际生产数据和既定目标之间的差异，就是分析排查的重点。比如，育肥期日增重目标设定 1.4kg，而实际生产中只有 1.1kg；再比如，饲养成本高出了上一年度同期的 2 元钱，此时就需要分析，并商讨出改善和提升的建议。当牧场自身没有能力给出改善和提升的建议时，可直接或间接邀请行业专家一同解决。

牛群档案数据是排查问题的基础，是逐年提升生产效能的有力工具，重视的程度和数据分析改善的能力也是牧场综合实力的一个内在表现。

第三节　饲料原料信息管理

一、饲料原料库位管理

（1）饲草料存货区实行定置管理，分合格品区及待处理品区，并有明显的标识牌（通过标识牌进行分类）。

①合格品区，用于存放检验合格的物料。

②待处理品区，用于存放有质量问题的物料，且具有明显标识，并将不合格的物料及时上报，等待采购员与供应商联系处理。

（2）先进先出，按库存周转率排序。出入库频次高且数量大的放在离物流出口最近的固定货位上。当产品的生命周期、季节等因素发生变化，则库存周转率也会变化，同时货位也要重新排序。

（3）物料分区分类贮存。码放要按品名、规格、生产日期、厂家等分类、分区存储。同时做好库位记录，方便计算各种物料的准确数量。有质量问题的物料要分开存放，标识醒目，做好处理及检查工作。外观相似的不同品种物料，应相互远离码放，以防混淆。

（4）每一个编码只能代表唯一的货位，编码顺序为库位、区位、架位、层位、格位。系统检索时，保证能跟踪每一批货物的来源、去向、批号、保质期等各个方面的信息。

（5）分层码放货物时要上轻下重，降低搬运强度，保证货架、建筑与人员安全。

（6）大宗物料按不同的接收日期单独摆放，同时包装上标注日期的一面要朝外，便于清查。其他物料可以按照接收的先后顺序进行摆放。

（7）特殊物料保管时要先熟悉其特性和作用等特点，分区、分类、分堆保管，同时还要加强消防和降温措施。危险品存放的堆垛应稳固，不得过高、过密，防止跌垛或碰撞。危险品多时要另设危险品库，以确保安全，绝不能与其他正常物品混合存放。

（8）饲草料码放要求

①饲草码放要求横平竖直、绑扎齐整（表10-1）。

表10-1　饲草码放要求

名称	规格（m）			每跺重量（t）	跺间距（m）	草捆大约尺寸（m）	垛位形状
	长	宽	高				
羊草	17～20	5～6		80～100		0.85×0.5×0.38	
苜蓿	18～20	6～8	3～3.5	150～200	0.8～1	1.2×0.9×0.8	长方体
						1.1×1.1×0.8	

②饲料码放要求（表 10 - 2）。

表 10 - 2　饲料码放要求

名称	规格			踩间距（m）	踩位形状
	横	纵	高		
饲料成品	10 袋	6 袋	10 层	0.8	长方体

二、饲料原料安全库存管理

（1）设立安全库存，目的是在供应商供货出现质量问题或牧场用量增加等情况下，能保证生产正常运行。

（2）牧场安全库存天数

建议饲草料：羊草 35d，苜蓿草 90d，精饲料 30d。

办公用品：零库存。

劳保用品：30d。

易损零配件及可计算使用寿命部件：各牧场根据牧场自有设备的实际情况，自行确定库存量。

（3）库房存贮防护

①保管员必须做好库位管理，堆放草料时在地上铺塑料布，严禁草料直接接触地面。四周从上至下不低于 1/2 处使用苫布等进行遮挡，预防雨水浸入。

②饲草料放置地方须按照消防设施的要求配置消防器材，消防器材必须能正常使用，做好库区安全防护管理。

三、入库管理

1. 订单管理

（1）订单传递　采购员在签订合同后 7 个工作日内将合同复印件传递给保管员，订单下达 24h 内将订单复印件传递给保管员。如果到货时间有调整，采购员应及时通知保管员。

（2）订单追踪 保管员在订单规定到货时间前 2h 与送货单位联系，并根据采购员提供的订单进行接货前的准备工作，如预留库位、安排卸货人员、通知验收人员等。如出现特殊情况，保管员于 4h 内与采购员联系。

2. 货品验收

（1）由使用部门代表、质量人员（安全员或化验员）、财务管理部门代表共同对产品感观指标进行验收。各部室周期性采购的办公用品、劳保用品、化验用品、电子产品、印刷用品由保管员进行感观验收后下发至使用部门。使用部门对到货产品抽查次数不少于订货次数的 20%，并在验收报告中体现。理化指标以化验部门或送检第三方检测出具的数据为准。

（2）参加验收的人员应在货到 30min 内到达验收地点进行验收，按照订单及合同检查采购物资的品种、规格、数量（重量）、包装情况及随车单据是否与合同规定的一致。验收完毕后 24h 内由使用部门将感观验收报告单传递给保管员。

（3）只进行感官检验的产品，验收合格后保管员组织装卸工卸货，直接入库；需要进行理化指标检验的物资，技术员跟车取样，使用部门人员现场取 2 个（交客户 1 个），保管员按过磅单做代保管，等检验报告单合格后做产品入库。技术员收到化验机构出具的结果后，于 48h 之内出具理化检验报告单，及时报保管员备案。产品指标属于扣价范围内，质量管理人员签字确认后，保管员通知采购员与供货商协商让步接收，经牧场场长签字后，产品按扣款或扣价接收。当产品指标超出合同范围时，保管员应拒收。

（4）低值易耗品由使用部门直接进行验收，保管员按越库物资管理（使用部门直接领用的不需经过库房的物资，按供货商提供使用部门签收单据做入库单与出库单，登记台账）。

（5）验收不合格物资禁止办理入库手续。经验收合格物资在后期储存过程中发生变质现象，保管人员在 12h 内通知牧场第一负责人及化验人员，并将变质物资照片发送牧场供应保障部负责人。根据化验部门出具的处理方式，对变质物资进行处理。

3. 退货　质量管理人员书面通知保管员，代保管产品检测不合格；保管员及时通知采购员，由采购员负责与供应商协调退货。

4. 卸货　原则上夜班不卸货，但遇特殊情况时经协调可以组织卸货，卸货完毕后司机持保管员签发的出门证离场。单个供货商产品的卸货时间超过 48h 且供货商无实质性改良方案（24h 内完成），牧场保管员可通知采购员启动备选供货商，从当日起，装卸业务按六四比例进行分配。

5. 账实相符　账实不符，即做盘盈或盘亏，不得出现账外产品。使用部门做账不领用产品，按已经领用处理，并对相关部门领导处以不低于相关物资金额 2 倍的罚款。

6. 档案管理　保管员将感官验收单、理化检验报告单、送货单、订单进行整理归档，且需要将入库单编号标注在检验报告单上统一归档备查，入库台账数量需和入库单、实际物资入库数量一致，做到账实相符。每日入库需建立电子报表，向供应保障部报送。

四、出库管理

1. 正常出库　领用部门出具部门领导签字的领料单，保管员根据领料单填写出库单，依据"先进先出"原则出库，同时修改库位标识卡及台账。由于部分原料保管员无法过磅，故按 TMR 电子秤数据做出库单。为保证出、入库的准确性，饲养组 TMR 装料单由保管员存档。

2. 紧急出库　理化指标出具之前急需使用物资，由使用部门打文件报审单，经牧场财务部经理及场长签字后方可出库使用，一经出库即视为合格。

3. 调拨出库　各牧场之间如在紧急情况下需调运货物的，调拨单需由双方单位负责人签字，保管员接到签字的调拨单后填写出入库单，办理货物出入库手续。需要调入物资的牧场在要求到货时间前一周将调拨计划报供应保障部（每月临时计划最多下 2 次）。对于月用量较少、不利于一次运输的调拨物资，可按生产计划将 3 个月的用量一同上报。

4. 退库　使用部门领用物资后，发现货物没有用完并且质量情况完好，可办理退库手续，由使用部门填写红字领料单，保管员根据红字领料单做入库处理，在领料单备注栏注明退库部门及退库原因。使用部门领用物资后，发现货物存在质量问题，可办理退库手续，由使用部门填写红字领料单，质量管理人员确认原因后，保管员根据红字领料单做入库处理，在领料单备注栏注明退库部门及退库原因。

质量部门确认退库产品质量由厂商负责，由采购员与厂商联系；产品质量由保管员负责，扣除库损后，账面按盘亏处理，实物按衍生库存做账，按废品流程处理。

五、单据管理

1. 入库单　入库单据一式五联。第一联存根联，用于存档；第二联财务联、第三联会计联，用于财务做账；第四联回执联，用于采购员留存备查；第五联保管联，由保管员留存，用以登记台账，并做日报表。

2. 出库单　出库单据一式四联。第一联存根联，用于存档；第二联财务联，用于财务账务处理；第三联客户联；第四联保管联，由保管员留存，据此做物资出库、登记台账及做日报表。

3. 领料单　领料单据一式四联，是牧场内部领用时使用。第一联存根联，用于存档；第二联财务联，用于财务账务处理；第三联回执联，由领料部门留存；第四联保管联，由保管员留存、登记台账，并据此做日报表。

4. 调拨单　调拨单据一式五联，是牧场之间相互调拨时使用。第一联存根联，由调出单位留存；第二联调入联，用于调入单位财务部做账用；第三联调出联，用于调出单位财务部做账用；第四联回执联，用于调出单位保管员留存；第五联保管联，由调入单位保管员留存。

第三部分

营养管理篇

荷斯坦公牛
饲养管理及健康养殖

第十一章

营养物质来源需要与饲料分类

第一节 营养物质来源

一、植物性饲料

植物性饲料包括粗饲料、青饲料、精饲料、块根块茎类饲料。

1. 粗饲料 主要包括干草、树叶（枝叶）等，其特点是体积大，难消化，可利用养分少，干物质中粗纤维含量在18%以上。

（1）干草 是青草或其他青饲料植物在未结籽实以前收割，经晾干制成。由于干草仍保持部分青绿颜色，故又称青干草。干草营养价值的高低取决于制作原料的植物种类、生长阶段和调制技术。就原料而言，由豆科植物制成的干草，含有较多的粗蛋白。而在能量方面，由豆科、禾本科、谷类作物制成的三类干草之间没有显著的差别。但是优质干草中，可消化粗蛋白的含量应在12%以上，消化能在12.5MJ/kg左右。

（2）树叶 有两种类型：一种是刚采摘下来的树叶，饲用时的天然水分含量保持在45%以上；另一种是风干后的乔木、灌木、亚灌木的树叶等，干物质中粗纤维含量大于或等于18%。用作饲料的树叶较多，有苹果叶、杏树叶、桃树叶、桑叶、梨树叶、榆树叶、柳树叶、紫穗槐叶、刺槐叶、泡桐叶、橘树叶及松针叶等。一般树叶中含胡萝卜素110～250mg/kg。核桃树叶中含有丰富的维生素C。松柏叶中含有大量的胡萝卜素、维生素C、维生素E、维生素 D、钴胺素和维生素 K 等，并富含铁、钴、锌、钙、磷、锰等多种元素。夏季树叶中的粗蛋白含量最高，约为 36％；秋季以后逐渐降低，至冬季可降至 12％。

2. 青饲料　主要包括天然牧草、人工栽培牧草、叶菜类、根茎类、青绿枝叶、青刈玉米、青刈大豆等。青饲料中的水分含量高，为 75％～90％。因此，青饲料的热能低，消化能仅为 300～600MJ/kg。一般禾本科牧草的粗蛋白含量为 1.5％～4.5％，但赖氨酸含量不足。青饲料干物质中无氮浸出物含量为 40％～50％，粗纤维含量不超过 30％。青饲料中的维生素含量丰富，特别是胡萝卜素含量较高。

（1）紫花苜蓿　紫花苜蓿为多年生的豆科植物，具有耐寒耐旱特性，每年可以收割 2～4 次，是牛喜食的优质牧草。

（2）青刈玉米　青刈玉米是青饲料中较好的饲料。玉米产量高，含丰富的碳水化合物，味甜，适口性好，质地柔软，营养丰富。

（3）青刈大豆　青刈大豆茎叶柔嫩，含粗纤维、脂肪较少，含蛋白质多，氨基酸含量丰富。

（4）青绿枝叶　青绿枝叶富含可消化蛋白质和胡萝卜素，其干物质中粗蛋白含量为 17.1％～27.4％，无氮浸出物含量为 39.5％～49.2％，而粗纤维含量仅有 9.7％～18.7％。随着生长期的延长，青绿枝叶的质量变差。

3. 精饲料　包括禾本科籽实饲料（能量饲料）、豆科籽实饲料（蛋白质饲料）及其加工的副产品。禾本科籽实饲料指的是在干物质中粗纤维含量低于 6％、粗蛋白含量低于 20％的谷实类及糠麸类等，而消化能在 10.45MJ/kg 以上。高于 2.54MJ/kg 消化能的饲料称为高能饲料。豆类与油料作物籽实及其加工副产品也具有能量饲料的特性，但由于蛋白质含量高，故被列为蛋白质饲料。蛋白质饲料是指干物质中粗纤维含量低于 6％，同时粗蛋白含量在 20％以上的饼粕类饲料、豆科籽实及一些加工副产品。

(1) 玉米 玉米产量高，其所含能量很高，但蛋白质、无机盐、维生素含量较低，特别是缺乏赖氨酸和色氨酸，蛋白质品质较差。因此，饲喂玉米时应补充优质蛋白质、无机盐和维生素饲料。

(2) 高粱 高粱的籽实是一种重要的能量饲料。去壳高粱与玉米一样，主要成分为淀粉，粗纤维少，易消化，营养高。但胡萝卜素及维生素 D 的含量较少，B 族维生素含量与玉米相当，烟酸含量少。高粱中含有鞣酸，有苦味，鞣酸主要存在于壳部，色深者含量高。所以，在配合饲料中，色深者配制时宜添加到 10%，色浅者可添加到 20%。

(3) 大麦 大麦是一种重要的能量饲料，其粗蛋白含量较高，约为 12%，赖氨酸含量在 0.52% 以上；无氮浸出物含量也高；粗脂肪含量不及玉米的一半，在 2% 以下；钙、磷含量比玉米高；胡萝卜素和维生素 D 含量不足，核黄素少，硫胺素和烟酸含量丰富。饲喂时将大麦稍加粉碎即可，粉碎过细会影响适口性；整粒饲喂不利于消化，易造成浪费。

(4) 豆科籽实 豆科籽实是一种优质的蛋白质和能量饲料。由于豆科籽实中的蛋白质含量较谷实类高，故消化能较高，特别是大豆，含有很多油脂。无机盐与维生素含量与谷实类大致相似，不过维生素 B_2 与维生素 B_1 的含量有些种类稍高于谷实。含钙量虽然稍高，但钙、磷比例不适宜，磷多钙少。豆科饲料在植物性蛋白质饲料中应是最好的，尤其是植物蛋白中最缺乏的限制性氨基酸赖氨酸的含量较高，但是最缺乏蛋氨酸。豆类饲料含有抗胰蛋白酶、致甲状腺肿大物质、皂素和血凝集素等，但经适当的热处理（加热 100℃，3min）后就会失去作用。

(5) 豆饼和豆粕 豆饼和豆粕的营养价值很高，而价格又较豆类低廉。豆饼含粗蛋白 40% 以上、粗脂肪 5%、粗纤维 6%，含磷较多而钙不足，缺乏胡萝卜素和维生素 D，富含核黄素和烟酸。

（6）麦麸　麦麸是一种常见的副产品，富含蛋白质、粗纤维和多种维生素，是一种非常廉价的饲料原料。麦麸的饲用价值一般和米糠相似，适口性较好，质地蓬松。然而，未经发酵的麦麸在饲料中的应用效果相对有限，添加稍微过量就会造成动物腹泻。相比之下，发酵后的麦麸在饲料中的效果明显提高，具有更高的营养价值和更强的消化吸收能力。

4. 块根块茎类饲料

（1）胡萝卜　胡萝卜营养丰富，香甜适口，易于消化。胡萝卜中含水分 81%～92%、粗蛋白 1.2%～3.0%、淀粉及碳水化合物 8%～14%、可消化营养物质 8%～13%，蛋白质含量比其他块根类饲料多，含有较多的胡萝卜素、维生素 C 及 B 族维生素。胡萝卜营养物质的消化率很高，蛋白质消化率达 73%，脂肪达 77%，无氮浸出物高达 99%。

（2）甜菜　按块根中干物质与碳水化合物含量的多少，可将甜菜大致分为糖用甜菜和饲用甜菜两种。糖用甜菜含糖多，干物质含量为 20%～22%（最高达 25%），但产量低。饲用甜菜的产量高，但干物质含量低，只有 5%～11% 且含糖量也低。饲用甜菜是春、秋、冬三季很有价值的多汁饲料。

二、植物性饲料营养物质组成

（一）组成植物体的化学元素

组成植物体的化学元素有 60 多种，基本相同，数量略有差异；碳、氢、氧气、氮含量最多，矿物质元素含量最少（约占 5%）。

（二）组成植物体的化合物

1. 水分

（1）游离水（自由水、初水）　存在于各细胞之间，结合不紧密，容易挥发。

（2）结合水（吸附水、束缚水）　与细胞内的胶体物质紧密结合，难以挥发。

2. 粗灰分 粗灰分是动植物体在 550～600℃高温电炉中充分燃烧后剩余的残渣，有时也含有少量泥沙，故为粗灰分。

3. 粗蛋白 粗蛋白是指动植物体内一切含氮物质的总称，包括真蛋白和非蛋白氮，非蛋白氮有游离氨基酸、硝酸盐、胺、激素等。

4. 粗脂肪 粗脂肪是动植物体内脂类物质的总称。常规饲料分析是利用乙醚浸提样品所得的物质，故称为乙醚浸出物。

5. 碳水化合物

（1）粗纤维 是植物细胞壁的主要结构成分，包括纤维素、半纤维素、木质素。

（2）无氮浸出物 是碳水化合物中的可溶部分，包括单糖、双糖和多糖（主要指淀粉）。

6. 维生素 是动物为维持正常生理功能而必须从食物中获得的一类微量有机物质，含量少，但作用大。

第二节 营养物质需要

一、能量需要

能量是评价饲料的重要指标，饲料中能量的浓度决定动物的采食量，动物体内的能量转换过程如图 11-1 所示。

1. 荷斯坦公犊的能量需要 就荷斯坦公犊而言，能量主要用于维持需要和生长需要。随着犊牛的增长，日粮中能量的消化率一般逐渐降低，消化能的代谢率和总能的代谢率在 3～5 月龄逐渐下降，尿能占消化能的比例平均为 11.44%。甲烷能占消化能的比例在 0～4 月龄逐渐升高，随后逐渐下降，平均为 3.65%；4～6 月龄犊牛维持净能需要量为 398.68kJ/(kg·W$^{0.75}$)，增重净能需要量为 11 490kJ/(kg·W$^{0.75}$)。生产中既要维持犊牛正常的生命活

69

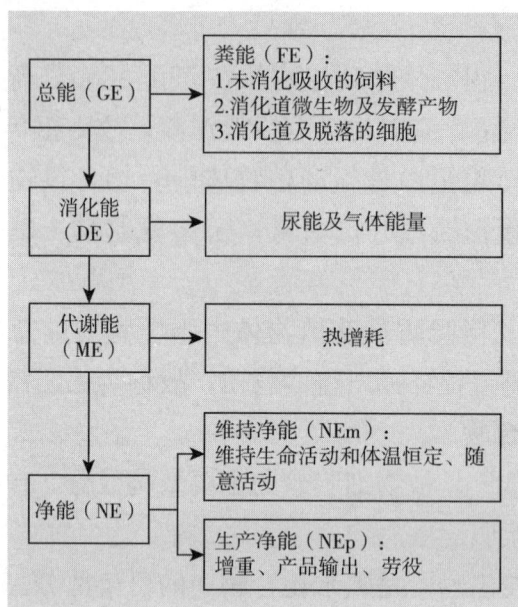

图 11-1　能量在动物体内的转换

动，又要充分发挥其优良的遗传特性，这就要求日粮具有合适的能量水平，适宜的能量水平对犊牛的健康成长和生产潜力的充分发挥具有重要的实践意义。

2. 荷斯坦育成牛的能量需要　育成牛的能量需要可分为维持需要、生长需要等。其中，维持需要是指肉牛在体重不变的情况下，为了维持自身基本的生命活动所需要的能量；除此之外，育成牛还需要完成自身体重的增重，其主要指在育肥过程中，使身体各器官、肌肉、脂肪及骨骼的重量增加所需要的能量。只有满足了维持需要，才能开始增重。因此，提供的能量越多，牛的增重速度就越快。但牛的一生中，所需要的能量并不是恒定的，在给育成牛提供能量时要注意按照牛所处的生长发育阶段合理调控日粮中的能量水平。在育肥牛的选择上，月龄是需要考虑的重要问题；此外，不同季节对能量的需求也有差异，冬季的低温环境会使牛的消耗能增加，夏季的高温也会给牛造成热应激，影响能量吸收。

二、蛋白质需要

1. 荷斯坦公犊的蛋白质需要 蛋白质不仅是维持断荷斯坦公犊生命活动所不可缺少的营养元素，而且可以满足此阶段犊牛的生长需要。犊牛摄入的蛋白质，分为瘤胃降解蛋白（rumen degradable protein，RDP）和瘤胃未降解蛋白（unglycosylated rumen-degraded protein，UDP）。饲料中的降解蛋白在瘤胃内被微生物降解为多肽、氨基酸和氨等，瘤胃内的可发酵有机物（fermentable organic matter，FOM）为微生物提供能量进而合成瘤胃微生物蛋白（microbial protein，MCP）；未降解蛋白是瘤胃内不被微生物降解而直接进入小肠消化的蛋白质。日粮中的瘤胃非降解蛋白和瘤胃微生物蛋白共同进入小肠，组成小肠蛋白质，被消化、吸收和利用（图11-2）。

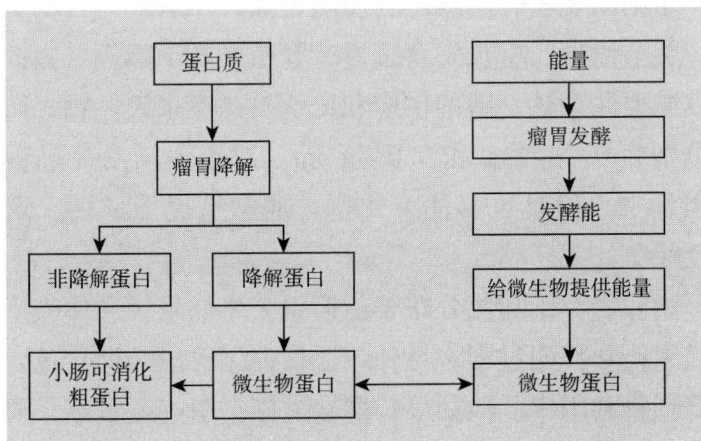

图11-2 蛋白质消化、吸收和利用过程

2. 荷斯坦育成牛的蛋白质需要 荷斯坦育成牛的蛋白质需要也分为维持需要、增重需要、繁殖需要。牛对可消化蛋白用于维持和繁殖的综合效率为65%；用于增重的效率随体重的增长而显著降低，体重在60kg以下时效率为60%，体重在60~100kg时效率

为 50%，体重在 100kg 以上时效率为 45%。育成牛在维持基本的生命活动中，身体各组织器官中的蛋白质不断代谢、不断更新，被分解掉的蛋白质需要不断地由饲料中的蛋白质来补充，以使机体内的氮达到平衡。增重的蛋白质需要量是指育成牛在增重过程中，从饲料中摄入的蛋白质的量超过维持需要量的那部分蛋白质。蛋白质作为生命的物质基础，也是牛肉的主要成分，育成牛生长关键在于蛋白质供应量。

三、矿物质需要

1. 常量元素

（1）钙和磷　牛在生长发育过程中对钙、磷的需要量较多，如果缺乏会引起一系列不良反应。钙、磷缺乏通常是由于日粮中钙、磷的比例不适宜或者饲喂不当引起的。当缺钙时，犊牛会出现佝偻病，成年牛则出现软骨病或者骨质疏松症；当缺磷时，则会出现食欲下降、关节僵硬、生长发育缓慢、繁殖性能下降等。因此，荷斯坦公牛养殖要注意钙、磷的供应和比例。一般来说，钙、磷的维持需要量分别为 0.06g/kg 和 0.045g/kg。对于生长发育过程中的牛则可适当增加，但是也要注意比例，通常情况下，钙、磷比例以 1.2∶1 为宜。

（2）钠和氯　钠和氯分布于荷斯坦公牛软组织和体液中，可以调节酸碱平衡和代谢过程；另外，适量使用可以刺激食欲，促进消化，提高饲料利用率。但如果长期缺乏则会引起牛食欲下降，消化机能减退，犊牛生长发育受阻，以及成年牛精神萎靡，逐渐消瘦。严重缺乏时还会导致运动失调，心律不齐，最终会因衰竭死亡。因此，需要注意食盐的添加量。牛对食盐的耐受能力强，如果饮水充足，一般不会对牛产生严重的后果。

（3）镁　镁与钙、磷一样也是骨骼和牙齿的重要成分，并且还是多种酶的活化剂，在蛋白质代谢过程中起重要作用，同时还是神经系统所必需的物质。镁缺乏会导致荷斯坦公牛出现痉挛症。生产实践中引起镁缺乏的主要原因是给犊牛补料时间过晚，长期吃奶。因此，在养殖过程中要适当补充镁制剂。但不可过量，否则会引起腹泻，一般犊牛对镁的维持需要量为日粮的0.07%。

（4）硫　硫与氮的代谢密切相关，通常是通过含硫氨酸起作用，可直接影响荷斯坦公牛瘤胃纤维素的消化。硫缺乏会导致牛的消化率降低，采食量下降。而过量则会导致中毒，当发生严重硫中毒时会导致牛死亡。一般在使用尿素喂牛时需要适量补充一定量的硫，以提高尿素的利用率，用量一般为每100g尿素提供3g无机硫。

（5）钾　荷斯坦公牛发生热应激时需要大量的钾，如果缺乏则会表现体重下降，血钾下降。因此，需要注意日粮中的钾含量，一般要求为日粮干物质的0.8%。

2. 微量元素

（1）碘　碘是甲状腺素的主要成分，可参与基础代谢，尤其是能量代谢，直接影响牛的生长、繁殖。碘缺乏会导致牛出现甲状腺肥大，影响基础代谢，导致犊牛的生长发育受阻，骨架小；对成年牛的影响则表现为繁殖性能下降，性周期紊乱；妊娠母牛易出现流产、产死胎，所产犊牛体质较差等。因此，缺碘地区在养殖荷斯坦公牛时需要及时补碘，可以通过使用碘化食盐、碘化钾进行补充。

（2）铜　铜是血红蛋白生成的必需物质，可通过组成多种酶参与机体代谢。如果缺乏会引起腹泻、贫血、生长发育受阻、神经系统受损、生殖功能紊乱等，如果摄入过量则会发生铜中毒。要注意日粮中铜的含量，要求为每千克干物质中含量为6~12mg。

（3）锌　锌是胰岛素和多种酶的组成成分及激活剂，可参与碳水化合物的代谢、蛋白质的合成、核酸的代谢及提高机体的免疫力等。如果缺乏会导致荷斯坦公牛食欲减退、饲料利用率降低、生长发育受阻等，对于种公牛来说会造成精子的形成和发育受阻。但是高锌也会对牛的健康造成不利影响，日粮中要求每千克干物质中含锌 30～50mg。

（4）硒　硒是谷胱甘肽过氧化酶的主要成分，具有抗氧化、保护细胞、促进牛生长的作用。牛缺硒会发生白肌病，硒过量则会发生中毒。植物性饲料中硒的含量受到土壤 pH 的影响，因此养殖时要科学补硒。

（5）钴　钴是维生素 B_{12} 的成分，而维生素 B_{12} 有促进红细胞成熟的作用。如果长期缺钴，牛会表现为食欲下降、精神不佳，有时还伴有贫血。日粮中钴的量要求每千克干物质中含量为 0.1～0.2mg。

四、维生素需要

1. 脂溶性维生素

（1）维生素 A　维生素 A 对牛非常重要，它与视觉上皮组织、骨骼的生长发育，皮质酮的合成，脑脊髓液压都有关系。维生素 A 缺乏表现为上皮组织皮质化、食欲减退，随后而来的是多泪、角膜炎、干眼病，有时会发生永久性失明；妊娠母牛缺乏会发生流产、早产、胎衣不下，以及产死胎、畸形胎或瞎眼犊牛。荷斯坦公牛所需的维生素 A，主要来源于日粮中的 β-胡萝卜素，植物性饲料中含有维生素 A 的前体物质 β-胡萝卜素，可在牛体内转化为维生素 A，但一般情况下转化率很低。一般新鲜幼嫩的牧草中含有的 β-胡萝卜素比成熟牧草中的多。β-胡萝卜素在青绿牧草干燥加工和贮藏过程中易氧化破坏，效价明显降低。植物性饲料中的维生素 A 含量受到植物种类成熟程度和贮存时间等多种因素的影响，变异幅度很大。在大多数情况下，尤其是在高精日粮、高玉米青贮日粮、低质粗日粮、饲养条件恶劣和免疫机能降低的情况下，都需要额外补充维生素 A。在下列条件下应着重考虑补充维生素 A：①长期饲喂低质粗饲料的牛，其瘤胃对维生素 A 的破坏程度更高，胡萝卜素的摄入量更少；②以大量青贮玉米和少量的牧草为主的饲料中胡萝卜素的含量很少。

（2）维生素 D　维生素 D 的基本功能是促进肠道钙、磷的吸收，维持血液中钙、磷的正常浓度，促进骨骼和牙齿钙化。维生素 D 缺乏会降低荷斯坦公牛维持体内钙、磷平衡的能力，导致血浆中钙、磷平衡的能力失调及浓度降低，使犊牛出现佝偻病，成年牛出现骨软化、跛足病和骨折。

（3）维生素 E　维生素 E 的生理功能主要是作为脂溶性细胞的抗氧化剂，保护膜尤其是亚细胞膜的完整性，增强细胞和体液的免疫反应，提高抗病力和生殖功能。白肌病是典型的维生素临床缺乏病，其发生与维生素 E 存在不同程度的关系。影响维生素 E 需要的因素较多，在实践生产中，可根据下列情况调整维生素 E 的添加量：饲喂新鲜牧草时减少维生素 E 的添加量，当新鲜牧草占日粮干物质 50% 时，维生素的添加量较饲喂同等数量贮存饲草的低 67%；当饲喂低质饲草时，维生素 E 的添加量需要提高；当日粮中硒的含量较低时，需要添加更多的维生素 E；由于初乳中 α-生育酚含量较高，故在初乳期需要提高维生素 E 的添加水平；免疫力抑制期（如围产前期），需要提高维生素 E 的添加水平；当饲料中存在较多的不饱和脂肪酸及亚硝酸盐时，需要提高维生素 E 的添加水平。大量补充维生素 E，有助于降低牛奶中氧化气味的发生。

（4）维生素 K　育肥荷斯坦公牛在反刍过程中能够合成维生素 K，具有抗出血作用。

2. 水溶性维生素　瘤胃微生物能合成大部分的水溶性维生素（生物素、叶酸、烟酸、泛酸、维生素 B_6、核黄素、维生素 B_1、维生素 B_{12}），而且大部分饲料中这些水溶性维生素含量都很高。荷斯坦公犊哺乳期间的水溶性维生素需求可以通过牛奶满足。

五、水的需要

荷斯坦公牛需要的水来源于饮水、饲料中的水及体内的代谢水，其中以饮水最为重要，而饮水量受产奶量、干物质进食量、气候条件、水质等多种因素的影响。为保证荷斯坦公牛的饮水量，需要做到以下几点：①充足的饮水量，一般采取自由饮水；②优质的水源，饮水必须干净、无污染；③有条件时要测试水的质量，包括盐分、可溶固形物、可溶性盐、硬度、硝酸盐、pH（6.5～8.5）、污染物、细菌含量等；④合理的饮水环境和条件，如水温，饮水器附近的地面要平坦、宽敞、舒适等。

第三节　饲料分类

一、能量饲料

1. 概念　能量饲料主要包括禾谷类籽实（如玉米、小麦、大麦等）、糠类（如米糠、麦糠等）、块根块茎瓜果类（如马铃薯、南瓜等）、糖蜜类（如甘蔗蜜、葵花蜜等）、植物油等。由于这些饲料有较高的能量，故是牛获取能量的重要来源。生产中要合理搭配使用能量饲料和其他饲料，同时要注意控制能量饲料的用量和品质，避免因过量使用或品质不良导致牛出现消化问题或其他健康问题。

2. 特点

（1）谷类籽实　谷类籽实含有丰富的无氮浸出物，通常占干物质的 63%～80%，主要包括淀粉，且粗纤维含量较低，一般不超过 5%，只有带壳的麦类籽实、稻谷等粗纤维含量为 6.8%～8.2%。因此，干物质消化率高，有效能值较高。粗蛋白含量处于中等水平，一般在 10% 左右，蛋白质生物学价值较低，为 50%～70%；脂肪含量为 3.5%，且主要是不饱和脂肪酸，其中亚油酸和亚麻酸含量较高；钙含量较低，小于 0.1%；磷含量较高，在 0.31%～0.45%。另外，禾本科籽实中含有丰富的维生素 B_1 和维生素 E，但缺乏维生素 D，除黄玉米外均缺乏胡萝卜素。

（2）糠类　谷实类加工后剩余的种皮、糊粉层、胚及少量胚乳等部分构成了谷类加工副产物，即糠类。糠类主要由米糠、麦糠、高粱糠和玉米皮等组成，其营养价值与所含的种皮、糊粉层和胚的比例有关。糠类饲料的蛋白质含量高于其原料籽实，粗蛋白含量在9.3%～15.7%，蛋白质品质有所改善，尤其是赖氨酸含量比原料籽实有大幅度提高。然而，由于粗纤维含量较高，一般为3.9%～9.1%，因此有效能值较低。此外，粗脂肪含量高，一般为3.4%～14.5%；矿物质含量较高，粗灰分含量一般为2.6%～8.7%，但钙、磷比例不平衡，其中磷以植酸磷为主。B族维生素含量较高，未脱脂糠类维生素 E 的含量也很高。

（3）块根块茎瓜果类　主要包括甘薯、马铃薯、木薯、胡萝卜、饲用甜菜、南瓜等。以干物质计算，蛋白质含量为2.5%～10%；无氮浸出物含量为60%～88%；粗灰分含量为1.9%～3.0%，钙含量高于籽实类饲料，磷含量较低，钙、磷比不平衡。这类饲料中普遍缺乏 B 族维生素，但胡萝卜、南瓜和红心甘薯中β-胡萝卜素的含量较为丰富。

（4）其他能量饲料　主要包括植物油、糖蜜、乳清粉等。油脂类饲料属于高能值饲料，能够提高饲料能量浓度，优化饲料转化效率。糖蜜是一种特殊的能量饲料，其中蛋白质含量为2.9%～7.6%，代谢能为 9.7MJ/kg，钾含量较高；可以与豆粕等钾含量较低的饲料搭配使用，以实现营养的平衡和互补。乳清粉是全乳除去乳脂和酪蛋白后干燥而成的乳制品之一，含有幼龄哺乳犊牛易于利用的乳糖、优质乳蛋白和具有高生物学效价的矿物质和维生素，对于幼龄哺乳犊牛的生长和发育具有很好的促进作用。

二、蛋白质饲料

1. 植物性蛋白质饲料　植物性蛋白质饲料主要由各种饼粕类饲料组成，这些饼粕类饲料含有高达30%～40%的可消化蛋白，且氨基酸组成较完整。然而，由于加工方法不同，粗脂肪含量有较大差异。一般来说，压榨生产的饼粕其脂肪含量约为5%，而浸提法生产的饼粕其脂肪含量较低，仅为1%～2%。此外，无氮浸出物的含量也相对较少，约占干物质的30%。至于粗纤维含量，与加工时是否带壳有关，如果加工时不带壳，其粗纤维含量仅为6%～7%。富含B族维生素，但胡萝卜素的含量较少。同时，这种饲料钙含量较低而磷含量较高。植物性蛋白质饲料可以作为牛饲料中的重要组成部分，为牛提供必要的蛋白质和其他营养物质。

2. 单细胞蛋白质饲料　此类饲料具有高达40%～50%的蛋白质含量，故是一种重要的营养来源，其主要成分是菌体蛋白，其中真实蛋白质的占比达到80%。

3. 非蛋白氮饲料　非蛋白氮饲料，主要指的是那些含有氮元素但并非以蛋白质形式存在的饲料。这些物质并不提供能量，但可以作为氨源，被瘤胃微生物所利用，从而间接提供蛋白质。这些氨源物质主要包括尿素、氮、胺盐及其他合成的简单含氮化合物。这些非蛋白氮饲料的应用，在许多情况下，可以有效地替代饲料中的部分或全部蛋白质来源，这样不仅能降低饲料成本，还能提高牛肉的营养价值。此外，非蛋白氮饲料的应用还可以改善牛的健康状况。例如，瘤胃微生物可以利用非蛋白氮饲料中的氨源来产生一些有益的代谢产物，如挥发性脂肪酸等，这些代谢产物可以调节牛的肠胃功能，提高牛的健康水平。总体来说，非蛋白氮饲料在畜牧业中扮演着重要的角色，它们不仅可以作为蛋白质的营养补充，还可以改善牛的健康状况和提高牛的生活质量。随着科技的不断进步和研究的不断深入，相信非蛋白氮饲料的应用将会在未来的畜牧业中发挥更大的作用。

三、矿物质饲料

矿物质饲料在荷斯坦公牛维持生理机能方面起重要作用，同时也是确保牛肉品质的关键。如果摄取不足，将影响牛的生产效率并导致体重下降；如果摄取过量，则可能引发矿物质元素之间的拮抗作用，从而干扰牛体内的正常代谢。

四、青贮饲料

青贮饲料是一种以天然新鲜青绿植物性饲料为原料，在厌氧条件下经过乳酸菌的微生物发酵后制作而成的饲料。这种饲料具有青绿多汁的特点，水分含量高，富含蛋白质、维生素、矿物质等营养成分，木质素或粗纤维含量较低，有机物消化率高，易于长期储存，是当前反刍动物较为理想的饲料。根据水分含量的不同，青贮饲料可以分为3种类型：常规青贮、半干青贮、谷物青贮。青贮饲料的优点如下：

1. 营养价值高　青绿饲料在成熟和晒干之后，其营养价值通常会显著降低，降幅高达 $30\%\sim50\%$。但青贮后，养分损失相对较小，仅 $3\%\sim10\%$，大部分养分能得以保存。

2. 适口性好，消化率高　青贮饲料作为一种多汁、营养丰富的饲料，能够提高荷斯坦公牛的食欲和消化能力。其中含有的大量乳酸和芳香物质能够刺激荷斯坦公牛的味觉和嗅觉，增加其食欲和消化能力。同时，青贮饲料还能促进荷斯坦公牛的胃肠蠕动和消化酶的分泌，提高饲料的消化率和利用率。另外，还能提高荷斯坦公牛对其他牧草、秸秆等粗饲料的消化率和利用率，从而优化荷斯坦公牛的日粮配方。

3. 扩大饲料来源　对于某些无毒素青绿植物，如野草、野菜、树叶、地源性饲料等，可能会因为口感或荷斯坦公牛因采食习惯而表现出不愿采食的现象。然而，经过青贮发酵处理后的粗饲料质地柔软，并散发出一种独特的酸香味，从而能进一步提高荷斯坦公牛的食欲和饲料的利用率。

4. 净化饲料　在农业生产中，害虫和微生物的存在不仅对植物生长产生负面影响，还可能对畜禽的生长发育造成危害，将秸秆铡碎并青贮是控制有害生物非常有效的一种方法。经过青贮处理后，这些有害生物会被杀死，从而降低了它们对农作物的威胁。此外，青贮还可以有效地破坏杂草种子的发芽能力，使它们无法正常发芽。

5. 为寒冷地区提供饲料　青贮技术可以为寒冷地区的荷斯坦公牛提供富含营养的青绿多汁饲料，确保荷斯坦公牛保持较高的营养状态。在每年的冬、春季，母牛处于妊娠、产犊、哺乳期等关键阶段，对蛋白质和粗纤维等营养物质的需求量较大。调制青贮饲料，可以将夏、秋季多余的青绿植物储存起来，为母牛提供充足的营养，保障其健康，提高产奶量，并促进犊牛的生长发育。

6. 保存方法经济而安全　青贮饲料贮存时所需面积更小。一般情况下，每立方米的干草垛只能贮存约 70kg 的干草，而 $1m^3$ 的青贮窖则能贮存含水青贮饲料 450～700kg，折合成干草也能贮存 100～150kg。只要贮存方法得当，青贮饲料可以长期保存，甚至二三十年仍能保持良好的状态，既不会变质，也不必担心火灾等意外情况的发生。

7. 受天气因素的影响少　在阴雨季节，晒制干草面临较大的困难，而制作青贮饲料则具有更为快速的干燥过程，且其从收割到贮存的时间明显短于调制干草所需的干燥时间。此外，青贮饲料的制作过程可以在大多数天气条件下进行，从而有效降低了天气对其制作过程的不利影响。

五、粗饲料

粗饲料是指其干物质中粗纤维大于或等于 18％ 的饲料，以风干物的形式饲喂，主要包含农作物秸秆、青绿饲料、青贮饲料、干草等。

粗饲料饲喂的质量直接决定着荷斯坦公牛的日采食量。为了确保粗饲料的质量和适口性，可以选择那些粗纤维含量较低的粗饲料，如干草、秸秆等。同时，在饲喂时要注意控制摄入量。此外，为了维持瘤胃的微生态环境稳定，可以定期添加益生菌等有益菌群。

1. 特点

（1）粗纤维含量高　干草中含有 25％～30％的粗纤维，而秸秆类可达 31％～45％。粗纤维中含有较多的木质素，木质素是细胞壁的重要组成成分，其结构特性使得粗纤维很难被荷斯坦公牛消化。

（2）粗蛋白含量差异大　豆科干草的粗蛋白含量高于禾本科牧草，干草中的粗蛋白含量与其收割期和收割时的贮存条件有密切关系。一般来说，干草中的粗蛋白含量为 10％～20％。如果调制良好，头茬苜蓿干草在现蕾期的粗蛋白含量甚至可以达到 21.5％。相比之下，秸秆和秋壳类的粗饲料中粗蛋白的含量较低。例如，每千克干物质的大豆秸可含有 47g 的可消化粗蛋白，而每千克干物质的玉米秸则含有 23g 的可消化粗蛋白。

（3）钙、磷含量丰富　豆科干草、秋壳类和秸秆中的钙含量较高，通常在 1.3％左右；而禾本科干草和秸秆的钙含量较低，为 0.2％～0.4％。各种干草的磷含量范围为 0.14％～0.3％，而各种秸秆则大多在 0.1％以下。

（4）各种维生素含量不等　维生素 D 在干草中含量丰富，而其他维生素含量相对较少。晒制的青干草中维生素 D 含量为 100～1 000IU/kg。在青饲料晒制过程中，维生素 D 的含量显著增加，而其他植物性饲料的维生素 D 含量普遍较低。各种粗饲料，特别是日晒的豆科干草中含有大量维生素 D_2，是维生素 D 的良好来源。优质干草中含有较多的胡萝卜素，而秸秆中胡萝卜素的含量极低。此外，干草中还含有一定量的 B 族维生素，其中豆科干草如苜蓿干草中的核黄素含量相当丰富，而秸秆类饲料中 B 族维生素的含量普遍不足。

2. 贮存和饲喂时注意事项

（1）减少叶片损失　在干草和秸秆的调制和贮藏过程中，应尽量减少叶片损失。因为叶片部分的养分含量高于茎秆部分，对荷斯坦公牛的生长和发育非常重要。此外，适时收割、避免不良天气、减少机械损失也是需要注意的重要事项。适时收割可以保证干草和秸秆的质量及产量。在不良天气下，如遇大雨或大风天气，干草和秸秆容易受到损坏，因此应该避免在这些天气条件下进行收割。减少机械损失可以保证干草和秸秆的完整性及质量，避免由机械损伤导致营养价值损失。

（2）搭配使用多种粗饲料　禾本科秸秆与蛋白质、钙、磷含量较多的豆科干草搭配使用，可以更有效地提高粗饲料的整体利用率。豆科干草，如苜蓿、红豆草等，通常含有较高的蛋白质、钙和磷，与禾本科秸秆搭配使用，可以在一定程度上弥补禾本科秸秆在这些营养物质含量上的不足。粗饲料往往缺乏磷元素，所含的胡萝卜素也极少，甚至没有，适当补充喂食少许青绿饲料是十分必要的。青绿饲料如紫花苜蓿、黑麦草等，不仅含有丰富的胡萝卜素，还可以提供其他必需的营养物质，对于确保荷斯坦公牛的营养均衡具有重要作用。

（3）对粗饲料进行合理的加工处理　为了提升秸秆类饲料的适口性和消化率，建议采取物理处理，如切短、粉碎、揉碎等，以便荷斯坦公牛更容易咀嚼，从而减少浪费，并促进与其他饲料的均匀混合。此外，为了进一步改善粗饲料的理化性质并提高其消化率，还可以利用化学或生物学方法，如发酵、氨化、碱化等。这些方法能够有效破坏秸秆类饲料中的纤维结构，使其释放出更多的营养物质，并提高其消化率。

六、饲料添加剂

饲料添加剂是指荷斯坦公牛养殖过程中额外加入的微量饲料物

质，特点为作用大、种类多、添加量少。常见的荷斯坦公牛饲料添加剂包括饲用酶制剂、瘤胃缓冲剂、抗应激饲料等。

1. 饲用酶制剂　是由活细胞经过提纯加工制成的，具有生物催化活性，包括单酶和复合酶制剂。这种添加剂有利于增加荷斯坦公牛的日增重和饲料消化率，从而提高体增重。在荷斯坦公牛日粮中添加，可以显著提高日粮干物质和粗蛋白的降解率，特别是在育肥期添加可显著提高日增重。

2. 瘤胃缓冲剂　具有调节瘤胃微生物发酵、减少瘤胃酸中毒的发生，以及改善育肥期荷斯坦公牛的采食量、日增重、肉品质等作用。常见的瘤胃缓冲剂包括碳酸氢钠、氯化镁等。在育肥后期，向精饲料中添加 $1.5\% \sim 2\%$ 的碳酸氢钠或 $1.6\% \sim 2.6\%$ 的氯化镁，可以预防瘤胃酸中毒。

3. 抗应激饲料　是一种能够改善能量代谢、提高微量矿物质利用率的饲料。在热应激期间，向基础日粮中添加 10g 丙酸铬，连续 80d，可以显著提高荷斯坦公牛的日增重，同时显著增加血清中的葡萄糖浓度，而血清中的甘油三酯、肾上腺素和肌酸激酶含量下降。

第十二章
饲养标准与饲料配方设计

第一节　饲养标准

　　我国肉牛营养与饲料研究起步晚，基础薄弱，投入少，但经过研究人员近 70 年的艰苦努力，特别是在国家肉牛牦牛产业技术体系持续十余年的稳定技术支持下，已经基本建立了适应我国肉牛养殖需求的较为完善的技术支撑体系。

　　在肉牛饲养标准方面，以冯仰廉先生为首的老一辈科研人员经过长期研究，参照美国肉牛饲养标准制定了我国第一个肉牛饲养标准，并于 2000 年正式出版了《肉牛营养需要和饲养标准》，为我国肉牛的科学养殖提供了依据。其他研究人员以我国地方黄牛和杂交肉牛为实验动物，针对蛋白质、能量、矿物质和维生素等的需要量也进行了大量相关研究，为今后修订和完善我国肉牛饲养标准提供了依据。但由于我国肉牛品种和饲料类型均与国外存在较大的差异。因此，我国的肉牛营养需要量和饲养标准还需要结合国内肉牛研究人员和养殖技术人员的更多试验结果及实践经验来进一步完善。

　　在肉牛饲料和饲养技术方面，我国的研究人员针对饲料资源开发和优质高效健康养殖技术开展了大量研究，建立了较为完整的包括瘤胃评价数据在内的肉牛粗饲料营养价值数据库；对棉籽、菜籽、小麦、各种作物秸秆、各种农产品加工副产物和青绿饲料的高效利用技术进行了系统研究；建立了配套的肉牛标准化饲养技术；通过饲料营养价值评定技术研究，确定了各种加工调制技术对肉牛饲料原料利用率的影响，大幅度提高了饲料利用效率；针对我国引进肉牛和地方黄牛的不同生长特性研究，建立了肉牛系列低成本差异化育肥技术，实现了肉牛饲养的精准化营养调控；研究解决了肉牛育肥、母牛带犊饲养等过程中的各项关键技术。另外，通过营养调控手段减少甲烷、粪污排放等方面的研究也逐步开始铺开。

虽然我国肉牛营养与饲料研究取得了长足进展，但在理论研究上还非常薄弱。除卢德勋先生提出了系统动物营养学理论外，反刍动物小肠蛋白质营养新体系的建立进一步完善了肉牛的营养需要。从国内外的发展趋势来看，肉牛营养调控技术将始终是肉牛营养与饲料的研究重点，但过去和当前的研究过于注重瘤胃代谢的调控研究，对瘤胃后消化道的营养代谢调控研究一直被忽视。因此，未来应将肉牛瘤胃、皱胃和肠道营养作为一个整体进行营养调控，建立全消化道营养调控理论将更加符合肉牛营养学研究的要求，对肉牛生产也将更具有针对性的指导意义。

第二节 饲料配方设计

一、配方设计软件

在计算机尚未在畜牧业中得到应用之前，手工运算（传统的配方方法）是设计配方的一种相对简便的方法，如试差法、四边形法、联立方程法、配料格与配料尺等。由于传统方法计算量较大，过程繁琐，当饲养标准中规定的指标由几项逐渐增加到更多项时，传统方法更显得力不从心，因此迅速被计算机配方法取代。

目前，计算机和专用的饲料配方软件已逐渐开始被牧场或者大型专业饲料公司使用。计算机主要通过各种软件来完成饲料配方的设计工作，最早被用来设计配方的软件是 Microsoft office 中的

Excel、LINDO、LINGO、MATLAB、SAS 和其他非专业性软件。随着时间的推移，市场上可供选择的专业饲料配方软件或系统也逐渐增多，如金牧 VF123、胜丰 3.0、高农、宁丰、利群等。相对于手工运算和计算机运算，专业的饲料配方软件功能更加强大，使用更加方便，软件自带各种畜禽的饲养标准及饲料原料库，用户可自由调用，并同时调入原料的各种营养成分含量及价格，还可以随时添加和修改原料库。但专用的饲料配方并不免费且价格昂贵。

线性规划法是目前应用最广泛的一种优化饲料配方技术，线性规划最低成本配方的优化结果是产生一个满足约束条件的最低成本配方，它受原料的营养成分、约束条件值（配方营养素水平）、原料价格等的影响。

二、配方设计方法

在设计日粮时，一定要考虑到诸多因素，如日粮的营养成分、饲料来源、饲料价格、饲料质量、饲料形态等，不然会造成浪费而又达不到理想的饲养效果，严重时还会造成动物中毒，直接影响动物生长。

1. 设计注意事项

（1）使用阶段　在给荷斯坦公牛设计饲料配方时首先要考虑使用阶段，详细设计每一个生长阶段，甚至每一个生长环节，如犊牛生长阶段与育肥阶段、催肥阶段要区分开等。

（2）使用用途　不同用途的荷斯坦公牛或者肉产品形态对日粮营养水平的要求不一样，瘦肉型牛需要较高水平的蛋白质日粮，而肉脂型需要较高水平的能量日粮，在设计日粮配方时要区分开。

（3）养分需要　荷斯坦公牛养分需要量不仅要参照肉牛的饲养标准，同时还要考虑体重、饲养管理条件、环境温度、健康状况等因素，饲养条件好的与饲养条件差的牛其饲料转化率、利用率有明显差异。冬季和夏季日粮水平与养分需要不尽相同，必须分别设计配方。当然，对于国内外最新研究的资料和报告也要及时掌握，并作为参考。

（4）原料成分 原料是影响饲料质量的主要因素，同样的原料在不同的产地、不同的土壤、不同的种植加工方式、不同的季节和不同的环境下，其营养成分也不一样，在设计配方时要考虑原料来源的稳定性、质量保障性。

（5）原料价格 设计饲料配方时，要考虑饲料价格，这关系养殖成本。同样的原料、营养成分、质量，价格低廉作为首选，但价格低而质量不稳定时则不能作为配制用饲料原料。

（6）生产因素 在设计时，要考虑配合饲料在生产加工过程中对营养成分的影响，如粉碎、加工、配制等过程中对氨基酸的利用率、搅拌均匀度、维生素的效价均有影响。

2. 设计要点 荷斯坦公牛日粮配方设计的目标是满足不同生理阶段荷斯坦公牛的营养需要，确保荷斯坦公牛机体健康、日增重增加、生产效率高、成本低、经济合理、排泄物对环境的影响最低。荷斯坦公牛日粮中所用的每一种饲料最好都有如下的营养成分数据：干物质（%）、总可消化成分（%）、净能（MJ/kg）、粗蛋白（%）、可降解蛋白（%CP）、非降解蛋白（%CP）、酸性洗涤纤维（%）、中性洗涤纤维（%）、有效中性洗涤纤维（%NDF）、粗灰分（%）、植物性脂肪（%）、钙（%）、磷（%）、钾（%）、钠（%）、镁（%）、氯（%）。

在荷斯坦公牛日粮配方设计中要考虑的各种营养素的优先次序为：粗纤维＞能量＞粗蛋白＞非降解蛋白＞常量矿物质元素＞微量元素和维生素。日粮中丰富的结构性碳水化合物对于保持荷斯坦公牛瘤胃功能良好和整个机体健康是必须的。EfNDF是日粮中粗纤维长度或提供给瘤胃的淀粉因素和缓冲瘤胃酸性的唾液的分泌量之间平衡的反映，因为粗纤维的发酵速度通常比淀粉慢，而且产生的乳酸也比淀粉少，所以即使颗粒较小也能减缓瘤胃中酸的产生。当日粮中粗纤维含量高而淀粉含量低时，乳酸的产量降低，这时就需要颗粒较小的中纤维。粗饲料中的 NDF 可被认为 100% 是 EfNDF，整粒棉籽中 NDF 的 50%可被认为是 EfNDF，而精饲料中 NDF 的 25%是 EfNDF，在初步设计日粮时先用粗饲料（EfNDF、NDF 和 ADF）。

3. 能量配方设计 在设计荷斯坦公牛饲粮配方时，能量是考虑的主要因素。在满足能量需要时，采食量是一个非常重要的因素。干物质的摄入量受精、粗饲料比例的影响，要想维持瘤胃正常发酵和日增重不下降，日粮中至少要含有 30%的粗饲料。一般来说，当日粮消化率在 65%～70%时，对干物质的摄入量最大。当消化率低于此限时，瘤胃容积限制采食量；当消化率高于此限时，化学调节对采食量发挥作用。瘤胃容积停止对采食量调节的点随生产水平变化而变化。对育肥牛而言，采食量的化学调节机制只有在更高的干物质消化率（即更高的日粮能量浓度）时才发挥作用。也就是说，生产性能愈高，采食量越大，瘤胃容积（物理调节）与食欲中枢（化学调节）对采食量的控制转换时的日粮能量浓度就愈高。精饲料在满足育肥所需的能量中非常重要，而谷物（如玉米）是主要的能量饲料。

对于荷斯坦公牛的能量平衡来说，在满足粗纤维需要量的基础上，可以选择能量饲料（如玉米、大麦、谷物和脂肪等）来满足能量需要。进行粗略配方时，首先应选用某一种特定的能量饲料，如只用玉米来使育肥牛的能量得到基本满足。在育肥的中后期，如果荷斯坦公牛所需能量通过日粮不能得到满足时，就要考虑用脂肪含量高的饲料来取代部分能量饲料。但脂肪的添加量不能超过日粮的 6.5%，如果达到了这个最大量，则脂肪的来源必须多样化。

4. 日粮配方设计方法

（1）根据经验和饲养标准粗略拟定日粮配方

①确定干物质的需要量。常态饲料原料中都含有不同量的水

分，计算配方时必须统一按各种原料的干物质含量进行计算，干物质需要量可以从饲养标准中直接查到。

②拟定日粮配方。牛的日粮一般由粗饲料和精饲料两部分组成。

③干物质在日粮中占干物质需要量的 40%～80%。优质的粗饲料营养丰富、适口性好，精饲料的喂量就少些，粗饲料品质差时则精饲料的喂量就多些。

④精饲料在日粮中的比例＝100%－日粮中粗饲料干物质百分比。

⑤拟定精饲料配方，牛的精饲料一般单独进行配制。

⑥计算各种常态饲料的喂量，某些常态饲料喂量＝干物质总需要量×该饲料在日粮中的百分比/该饲料干物质百分比。

（2）验证日粮是否符合营养需要　查营养成分表，把日粮中各种原料的营养成分逐项累计，然后与饲养标准逐项对照，满足饲养标准的 95%～105%即可，超过 105%时予以调整。

5. 配方调整的一般方法和注意事项

（1）如果日粮配方中各种营养都高于或都低于营养需要，首先就要调整粗饲料和精饲料的比例。调整以后再如上法进行验算，直至基本符合为止。

（2）营养成分低于或高于饲养标准，应调整相应的饲料原料。如果日粮中蛋白质不够而能量偏高时，可以增加豆饼的含量，降低玉米的含量，或者添加尿素，减少精饲料的比例；钙的含量不足时应增加石粉的比例。

（3）矿物质微量元素添加剂对平衡饲料营养十分必要，常以固定的比例（一般 1%）加入精饲料中。食盐也常以固定的比例（1%～2%）加入精饲料中。

（4）多提供 10%左右的粗饲料，补偿饲喂过程中的损失。

（5）精饲料配方中的各种原料必须充分混合均匀，特别是微量元素和维生素添加剂要进行预混合，否则会造成饲料的营养不平衡。

三、配方设计原则

1. 配制日粮的注意事项

（1）确保饲料质量　饲料质量的优劣直接影响到配制质量的好坏，在饲料配制时，应选用新鲜、无毒、无霉变、质地良好的饲料。例如，黄曲霉和重金属砷、汞等有毒有害物质不能超过规定含量；经过雨淋的玉米含有霉菌，要尽量少用或不用；棉饼、菜籽饼等含有毒素的饲料应在脱毒后使用或控制喂量；含有杂质的饲料原料应该除去杂质；青贮饲料如果变质也不能再用；经过风霜雪冻的饲草料也不能用于配制饲料或直接饲喂；被污染的饲料更不能饲喂。

（2）把握饲料的适口性　饲料的适口性直接影响采食量，饲喂时应选择适口性好、无异味的饲料。若采用营养价值虽高但适口性却差的饲料，则须限制其用量。

（3）把握饲料配制程序　在配制饲料时，按预混料—浓缩料—饼类—玉米—青贮饲料（或苜蓿、干草、块茎、秸秆等）的顺序混合，最好使用 TMR 技术，保证配合饲料的质量。

（4）把握时间　养殖场配料一定把握时间节点，最好现配现喂。饲料加工厂对配置好的饲料应随时加工包装，保持饲料产品质量。

2. 荷斯坦公牛日粮配方的设计原则

（1）要平衡瘤胃微生物所需的蛋白质和能量，以及蛋白质和能量的降解速度，保证配比合理。

（2）要考虑在不同的育肥阶段，能量和蛋白质的配比平衡。

（3）保证日粮中有足够的有效纤维。

（4）添加瘤胃缓冲剂，尤其是当日粮中的碳水化合物和可发酵淀粉含量比较高时，更应该考虑是否添加缓冲剂。

（5）保证维生素和矿物质的含量。

（6）各原料的添加量不能超过使用上限。

3. 日粮配方的理论值和实际值

（1）要区分原料的营养值是实测值还是参考值。通常参考值与实测值有比较大的差距，即使是实际测定的值也要考虑是否具有代表性。比如，玉米青贮的制作是一个持续过程，不同批次玉米的营养成分含量有很大区别，同时很多因素都会影响玉米的营养价值。加工工艺的不同也会造成理论值和实际值的区别。一般来说，小麦的营养标准中只有一个能量参考值，但小麦是否加工过或者加工方式不同都会造成其提供能量的不同。专家建议，过度处理和不处理之间的值应该是比较理想的一个值。

（2）预测的干物质采食量和实际的采食量有区别。比如，设计的日粮可以给荷斯坦公牛提供全部的营养，但需要荷斯坦公牛每天采食规定量的干物质；但是影响干物质采食量的因素有很多，荷斯坦公牛很有可能每天吃不到规定量。再比如，荷斯坦公牛瘤胃 pH 降低时也会影响干物质采食量，而如果荷斯坦公牛的料槽经常出现空槽现象，就会影响瘤胃 pH。

（3）要考虑饲料转化效率是实测值还是参考值，这里的饲料转化效率是指荷斯坦公牛每采食 1kg 干物质所生产的牛肉量。饲料转化效率越高，表明每采食 1kg 干物质会产生更多的牛肉。

（4）要考虑饲料之间的协同作用。

（5）要考虑霉菌毒素对饲料转化效率也有很大的影响。

4. 日粮指标　日粮配方中还需要一些指标来评价日粮配制的合理性。

（1）瘤胃 pH　这是一个非常重要的指标。要想使粗纤维分解菌保持活性，瘤胃 pH 必须维持在 6.0 左右。pH 一旦降低到 5.5 以下，就可以认定牛发生了亚急性瘤胃酸中毒。在这种情况下，饲料转化效率会显著降低。

（2）应激反应　应激会造成荷斯坦公牛的生产性能降低。

（3）荷斯坦公牛是否健康　即使日粮配方很好，但荷斯坦公牛身体不健康，也不会有很好的生产表现。

（4）环境温度　环境温度对采食效果有很大的影响。如天气炎热，荷斯坦公牛的采食量会降低；天气寒冷，荷斯坦公牛的维持需要会增加。

（5）适口性　适口性不好，采食量会降低。但即使日粮的适口性很好，如日粮结构发生改变也会影响采食量，尤其是一些加工副产品会对采食量产生较大的影响。

（6）采食空间　要保证每头荷斯坦公牛都有足够的采食空间。

（7）饲料的新鲜程度　饲料的新鲜程度也会影响采食量，如新配制好的和放置 24h 以后的同一批料的能量差别可以达到 10% 或者更多。保持饲料新鲜对育肥期荷斯坦公牛至关重要，要给其提供最新鲜、适口性最好的日粮。

（8）舒适度　舒适度会影响荷斯坦公牛的采食和消化，只有在舒适的环境下荷斯坦公牛才会生产更多的肉。

四、各阶段荷斯坦公牛饲粮配方设计

荷斯坦公牛的饲养可分为 4 个时期，即犊牛期（0~6 月龄）、育成期（7~12 月龄）、育肥期（13~18 月龄）以及成年期（19 月龄以上）。

1. 犊牛期饲料原料配比　犊牛期主要分为以下 3 个阶段。

第一阶段为新生犊牛（出生 24h）。荷斯坦公犊出生后，养殖人员应及时给其饲喂初乳，这主要是因为荷斯坦公犊自身体质较弱，且极易感染环境中的病毒与细菌。而初乳中含有多种抗体物质，可提升荷斯坦公犊对饲养环境的适应能力，使其更好地抵抗恶劣环境。同时，荷斯坦公犊对营养物质的需求量较大，但由于自身消化系统并未发育完善，以致无法有效吸收大分子蛋白质及碳水化合物，此时需要利用初乳补充必需的营养物质。除此之外，初乳中含有的小分子蛋白质及易吸收的碳水化合物也会确保公犊快速恢复，并时刻保持良好的精神状态。

第二阶段为哺乳期荷斯坦公犊。此阶段为荷斯坦公犊的生长发育阶段，养殖人员应针对其身体情况选择不同的饲喂方式。荷斯坦公犊在2～3周龄前消化系统并未发育完善，此时不宜饲喂固体饲料，只能选择常乳（表12-1）。犊牛常乳期可采用生鲜乳或代乳粉饲喂，生鲜乳经巴氏消毒后饲喂，代乳粉技术指标应符合《犊牛代乳粉》（GB/T 20715—2024）中的规定。

表12-1　常乳饲喂量

日龄	每天的饲喂次数	每天的饲喂量
2～7	2	5～7L
8～53	2	8～10L
54～60	2	自60d起每天的饲喂量减少至1L结束

荷斯坦公犊3日龄后开始自由饮水，应保证饮水干净和器具卫生，每日更换2次饮水，饮水应符合规定。冬季应提供温水，水温应为15～37℃。在荷斯坦公犊3日龄开始训练其采食开食料，具体方法为：喂奶后在公犊口腔中放入少量颗粒料，引导其采食。饲喂过程应符合以下条件：坚持少加勤加的原则，保证饲喂器具及饲料卫生；桶距离地面高度为30～40cm；禁止饲喂发霉变质饲料；每日早上饲喂前清理剩余开食料，称重、记录剩料量，以便调整后期饲喂量；饲料及添加剂的使用应符合《无公害食品　畜禽饲料和饲料添加剂使用准则》（NY 5032—2006）的规定；精饲料每天的饲喂量为10～20g，采食量应随着日龄的增长而逐渐增加，到60日龄时每天可采食500～1 000g。公犊在10日龄左右，就开始训练其采食干草。公犊在15日龄后，诱导其采食精饲料，早、晚各1次。1月龄喂量0.1～0.3kg，2月龄喂量0.3～0.6kg，3月龄喂量0.6～1.0kg，4月龄喂量1.0～1.5kg。公犊在20日龄后，补

喂青草、胡萝卜等青绿多汁的饲料，每头每日 20～25g，以后逐渐增加。60 日龄时，每头每日 1.0～1.5kg。90 日龄时，每头每日 2.0～3.0kg。

第三阶段即断奶期荷斯坦公犊。断奶阶段的公犊，其生长发育在整个生命过程中最为迅速，决定了后期公牛生长发育性能和健康状况；各组织器官的发育在不断完善，生理功能也会发生巨大变化，特别是瘤胃发育和对营养物质吸收模式发生了改变。但公犊胃肠道的消化功能发育处于完善阶段，对饲料转变过程的适应能力和对外界环境的抵抗能力较弱，容易发生应激反应，影响成年以后的生长性能和经济效益。

荷斯坦公犊断奶过渡期饲养（60～90 日龄）：断奶公犊一般为 60 日龄以上的犊牛，在连续 3d 采食量≥1.5kg/d 时断奶（精饲料蛋白≥22%）。断奶前 15d，逐渐增加精、粗饲料量，减少哺乳量，逐步减少哺乳次数。断奶后饲喂公犊开食料，并逐步递减，逐步增加公犊颗粒料的饲喂量，开食料和颗粒料两种饲料混合一起饲喂，过渡期公犊的营养需要按照《奶牛饲养标准》（NY/T 34—2004）执行。断奶公犊舍饲饲养，保证日粮营养应丰富，但不宜使公犊过胖。每天饲喂 2～3 次公犊颗粒料和开食料，饲喂量 2.5～3.0kg/d，根据每天的剩料量适当增减，自由饮水。饲喂优质干草，2 次/d，饲喂量 0.1kg/d，干草长 3～5cm，根据每天的剩草量适当增减。

荷斯坦公犊断奶后饲养（91～180 日龄）：犊牛颗粒料每天饲喂 2 次，饲喂量 2.5～3.5kg/d，根据每天的剩料量适当增减。每隔 30d，日颗粒料饲喂量增加 1kg，至 180 日龄时日颗粒料饲喂量至 4.5～5.8kg。饲喂优质干草，2 次/d，饲喂量 0.2kg/d，干草长 3～5cm，根据每天的剩料量适当增减。每隔 30d，日干草饲喂量增加 0.2kg，至 180 日龄时增至 0.6kg。

2. 育成期饲料原料配比 6～14 月龄为育成期，此阶段育成公牛的生长发育很快，生长代谢旺盛，内脏器官日趋发达和完善，前胃容积迅速扩大。为满足此阶段育成公牛的营养需要，日粮就要发生变化，注重精粗比，给予充足的优质干草，刺激瘤胃快速发育。此阶段的饲养对荷斯坦公牛繁殖性能和健康很重要。

育成期粗饲料以黑麦草、青贮玉米、秸秆或杂草等为主，少量补给精饲料。

精饲料配方：玉米 58%、麸皮 28%、熟豆粕 11%、磷酸氢钙 1%、食盐 1%、预混料 1%（预混料中含有微量元素、复合多维和复合酶制剂）。

饲喂方法：采取控制饲料给量，用小型铡切机械将青粗饲料切割成 10cm 左右的长段，人工拌匀后全混料投喂。

饲喂方式：每天 2 次，8：00—9：00 和 18：00—19：00，自由饮水。

3. 育肥期饲料原料配比 荷斯坦公牛育肥模式包括直线育肥、分阶段育肥两种模式，目前生产中常用的是直线育肥模式。

（1）直线育肥模式 该模式是欧美国家常用的肉牛育肥方式，常用于生产小牛肉，主要是利用犊牛在高营养水平下能够快速增重的特点。在犊牛 4 月龄时给其饲喂高精饲料日粮，可加速体成熟，提高背最长肌长度和肌间脂肪含量。该模式也是一种比较经济的育肥模式，按日粮单位能量浓度计算，相同的饲养成本下可以获得更多的增重。同时，该模式大大减少了粗饲料的使用量，降低了低营养浓度饲料原料在运输、加工、贮存过程中的成本。

（2）分阶段育肥模式 分阶段育肥是调节营养供需关系与强化饲养目的的主要手段。与直线育肥模式相比，分阶段育肥模式会延长整体育肥时间，该模式下生产的育肥牛一般具有较大的出栏体重。

荷斯坦公牛育肥前期和育肥后期日粮组成及营养水平分别见表 12-2 和表 12-3。过渡期日粮应按照过渡程序执行（分 10 阶段进行，每阶段替换 10%～15%），每 5～7d 进行 1 次换料。若换料期间存在青贮换窖或饲料原料批次变化，则应根据公犊的实际采食状况，延长本期过渡时间。

表12-2 荷斯坦公牛育肥前期日粮组成及营养水平（干物质基础）

原料	添加比例（%）	营养成分	含量（%）
10%预混料	10	干物质	53
大豆粕	8	粗蛋白	15.23
玉米	8	可溶性蛋白占总蛋白比例	30.6
青贮玉米	62	酸性洗涤纤维	24.54
稻草	12	中性洗涤纤维	35.7
		非纤维性碳水化合物	36
		淀粉	26.42
		脂肪	2.03
		灰分	10.64
		总可消化养分	72.8
		代谢能（ME，MJ/kg）	10.92

表12-3 荷斯坦公牛育肥后期日粮组成及营养水平（干物质基础）

原料	添加比例（%）	营养成分	含量（%）
20%预混料	20	干物质	88
玉米	70	粗蛋白	13.75
苜蓿	5	可溶性蛋白占总蛋白比例	29
稻草	5	酸性洗涤纤维	16.42
		中性洗涤纤维	24.21
		非纤维性碳水化合物	50.72
		淀粉	41.3
		脂肪	2.74
		灰分	8.58
		总可消化养分	78.50
		代谢能（ME，MJ/kg）	14.02

4. 荷斯坦种公牛饲料原料配比　荷斯坦种公牛的日粮要求营养丰富，适口性好，易消化，容积不能太大，要精、粗、青绿多饲料搭配使用，避免饲喂大量容积大的青粗饲料和多汁饲料，以免形成"草腹"，影响采精和配种。

（1）日粮营养水平　应根据荷斯坦种公牛体重、体况、配种负荷，参照《种公牛的饲养标准》执行，要求饲料中能量、蛋白质、维生素、矿物质满足其生理需要。

①饲草料。应该选择品质优良的饲草料，且多样化搭配，要求饲草料的瘤胃容积小、容易消化、营养全价、适口性强。

②控制喂量。荷斯坦种公牛的日粮喂量，一般可按 100kg 体重供给干草 1.5kg，块根、茎饲料 1.0～1.5kg，青贮饲料 0.5kg，精饲料 0.5kg 计算。对于个别属于季节性配种的荷斯坦种公牛，在配种季节到来之前的 2 个月左右，提早加强营养，因为精子的形成大约需 8 周的时间。

③能量。能量不足可使后备公牛睾丸和副性腺发育不良，性成熟推迟，精液品质差。能量过高则造成体况过肥，性欲和性机能衰退。

④蛋白质。蛋白质是组成细胞、酶和多种激素的基本成分，蛋白质不足可致脑垂体不能分泌足够的促性腺素，睾丸中精子的生成受阻，长期缺乏蛋白质则造成精液量和精子数量急剧下降。育成公牛日粮中粗蛋白含量不得低于 12％。

⑤维生素。牛的瘤胃微生物能合成 B 族维生素和维生素 K，体组织能合成维生素 C，一般情况下对种公牛比较重要的是维生素 A、维生素 D、维生素 E，其中以维生素 A 最为重要。维生素 A 是荷斯坦种公牛所必需的最重要维生素，日粮中如果缺少则可能影响精子的形成，致使精子数量减少，畸形精子数量增加，活力降低，质量达不到要求。实践证明，每天给荷斯坦种公牛补充胡萝卜素 $265\mu g$ 的效果比较好。荷斯坦种公牛对维生素 D 的最低日需要

量是 660IU，缺少阳光照射时要补充。

⑥微量元素。微量元素具有调节精子渗透压、维持酸碱平衡的作用，有些微量元素如锰不足会引起睾丸萎缩。

⑦必需脂肪酸。脂肪酸是形成种公牛雄性激素的重要物质，一旦不足，就会造成性欲减退。亚麻油酸、亚麻酸、花生四烯酸等是雄性激素形成的重要物质，应予以补充。

（2）日粮组成　荷斯坦种公牛的日粮可由青草（或青干草）、块根（茎）类和混合精饲料组成。精饲料以占其日粮总营养价值的 40% 左右为宜，多汁饲料和青粗饲料在日粮总营养物质中的比例应在 60% 以下。精饲料中的蛋白质应选生物学价值较高的植物蛋白，如豆饼类，同时精饲料中应含充足的矿物质和维生素。具体为：大麦或玉米 30%，糠麸类 35%，豆饼或其他饼粕 33%，食盐 2%。在密集配种或采精期，每头种公牛每天可补充 8～10 枚鸡蛋，食盐 20～60g。但要注意，在荷斯坦种公牛的日粮中一般不用豌豆，因豌豆中赖氨酸的含量较低，会降低精子活力。此外，要给种荷斯坦公牛供应充足、清洁的饮水，冬季水温不可过低。在采精、运动前后 30min 内不宜饮水，以免影响荷斯坦种公牛的健康。

（3）饲喂量及饲喂顺序　成年种公牛每天每 100kg 体重喂精饲料 0.4～0.5kg、优质干草 11.5kg、胡萝卜 0.8～1.0kg。也可用 3.0kg 鲜草代替 1.0kg 干草，用 3.0kg 青贮饲料或 2.5kg 块根、块茎代替 1.0kg 干草，种公牛应限喂青贮饲料、酒糟、果、粉渣、菜籽饼和棉籽饼。因青贮饲料含酸较多，故每天的饲喂量不能超过 5～10kg，否则会影响配种和精液品质。菜籽饼中含有芥子酶，可引起消化器官疾病，应限量饲喂，最好不喂。种公牛日喂 3 次，在配种淡季可改为 2 次，饲喂顺序为先精后粗。

第四部分

健康管理篇

荷斯坦公牛
饲养管理及健康养殖

荷斯坦公牛
饲养管理及健康养殖

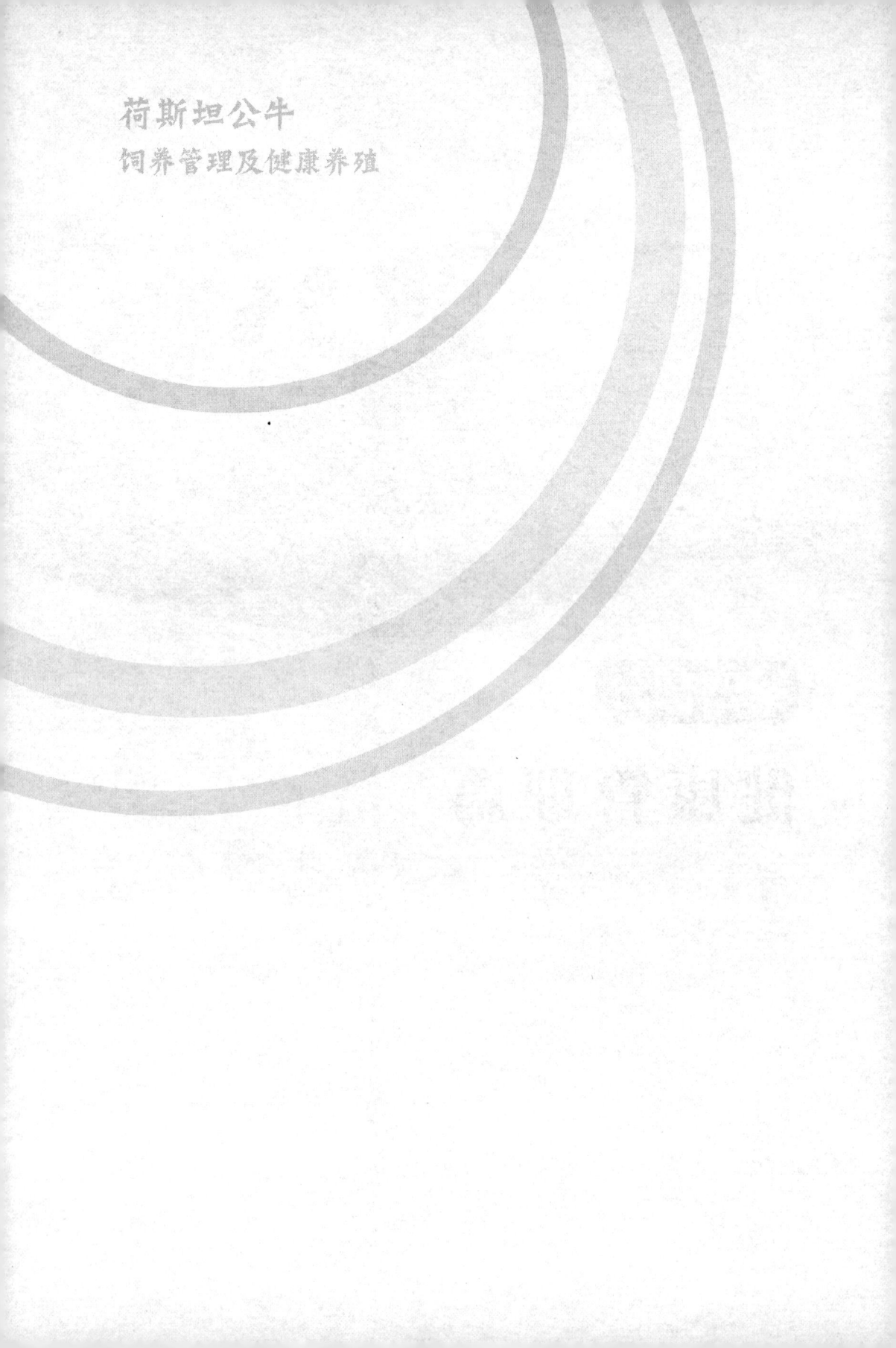

第十三章

健康管理

第一节 卫生保健

一、保健概念与意义

1. 概念 荷斯坦公牛保健是指通过各种措施，预防和治疗荷斯坦公牛疾病，维护和促进荷斯坦公牛健康的行为，涵盖从疾病预防、健康监测、环境净化、科学饲养到应急处理、宣传教育、生物安全、合理用药等多个方面。

2. 意义

（1）疾病预防 通过定期接种疫苗、实施清洁和消毒措施等，预防荷斯坦公牛感染疾病。

（2）健康监测 通过定期身体检查和疾病检测，及时发现荷斯坦公牛的健康问题，为及时治疗和防止疾病扩散提供依据。

（3）环境净化 良好的环境条件可以减少细菌和病毒的滋生，降低荷斯坦公牛感染疾病的风险。清洁和消毒荷斯坦公牛的生活环境，可以有效净化环境。

（4）科学饲养 提供均衡的日粮和适当的生活空间，可保证荷斯坦公牛获得足够的营养和适当的锻炼，有助于提高其免疫力。

（5）应急处理 在荷斯坦公牛突然发病或出现意外情况时，及时采取应急措施，为救治争取宝贵的时间。

（6）宣传教育 通过宣传和教育活动，来提高公众对荷斯坦公牛保健的认识和理解，鼓励技术人员采取积极措施，保障荷斯坦公牛健康。

（7）生物安全　采取生物安全措施，如限制人员和物品流动、设立隔离区和消毒站等，以有效防止疾病传播。

（8）合理用药　在必要的情况下，使用合适的药物治疗疾病，可以有效提高发病荷斯坦公牛的治愈率和存活率。同时，遵循用药规范。

二、保健方案与保健措施

1. 保健方案

（1）预防接种　预防接种是帮助荷斯坦公牛建立免疫屏障，预防特定疾病的重要措施。根据荷斯坦公牛的年龄、健康状况和免疫历史，兽医会建议合适的免疫计划。

（2）定期健康检查　指兽医定期对荷斯坦公牛进行全面检查，内容包括体格、体温、呼吸、心率以及淋巴结、肝脏、脾脏等。

（3）注重营养与饮食　荷斯坦公牛的营养需求与其年龄、健康状况、活动水平等因素有关，提供均衡的日粮是保障荷斯坦公牛健康的关键。

（4）保持环境卫生　良好的环境卫生对于荷斯坦公牛的健康至关重要，应保持荷斯坦公牛的生活环境清洁、干燥和通风良好；定期清洁牛舍、食具等物品，避免细菌和病毒的传播。

（5）防治寄生虫病　寄生虫是影响荷斯坦公牛健康的重要因素，预防和治疗寄生虫病是荷斯坦公牛卫生保健的重要环节。兽医应根据荷斯坦公牛的种类和寄生虫的类型，制定适合的防治方案，包括定期驱虫、环境消毒等。

（6）监控疫病　监控荷斯坦公牛疫病是保障荷斯坦公牛健康的重要手段。兽医应定期对荷斯坦公牛进行疫病监测，及时发现潜在的疫病风险。一旦发现疫情，应立即采取隔离措施，防止疫病传播，同时对接触者进行追踪和消毒。

（7）兽医诊疗与用药 兽医应根据荷斯坦公牛的健康状况和病情，提供专业的诊疗和用药建议。在使用药物时，要考虑药物的有效性和安全性，以及荷斯坦公牛的年龄、健康状况等因素。同时，严格遵守用药计划。

（8）生物安全与公共卫生 荷斯坦公牛的卫生保健不仅关乎个体健康，也关系整个群体和场内人员的健康。采取生物安全措施是预防疫病传播的关键，包括限制人员和物品流动，设立隔离区和消毒站等。在处理荷斯坦公牛的粪尿和尸体时，应采用环保和安全的方法，避免对环境和人类造成危害。此外，遵守当地的卫生法规和疫情报告制度，及时向有关部门报告疫情。

2. 保健措施

（1）定期检疫 定期对荷斯坦公牛进行疫病检查，可以早期发现和隔离患病牛。

（2）科学饲养 提供营养均衡的饲料和水源，保持清洁和安全的饲养环境，以确保荷斯坦公牛健康生长。

（3）疫苗接种 根据荷斯坦公牛的年龄和所患疫病风险，定期为荷斯坦公牛接种疫苗，以提高免疫力。

（4）寄生虫病防治 定期治疗寄生虫病，防止寄生虫感染和传播。

（5）合理用药 合理使用兽药，以治疗病牛，控制疫病传播。

（6）生物安全 采取措施保护荷斯坦公牛免受病原体和有害生物的侵害，包括隔离、消毒和灭菌等。

（7）监测和记录 对荷斯坦公牛的健康状况进行监测和记录，包括体温、体重、日粮和行为等，以便及时发现和处理问题。

（8）扑灭疫情 当发生疫情时，应采取果断措施扑灭疫情，包括隔离、治疗、捕杀病牛等，防止疫情扩散。

第二节 福 利

一、动物福利内涵

"动物福利"（animal welfare）一词，不论在西方发达国家还是在很多发展中国家，成为大众话题已有多年。虽然国内外关于"动物福利"的表述不同，但其基本出发点都是让动物在康乐的状态下生存，在无痛苦的状态下死亡。动物福利是保证动物康乐的外部条件。在这里，动物康乐指动物自身"心理愉快"的感受状态，包括无任何疾病、无行为异常、无心理紧张、无压抑和无痛苦等。

动物福利一般包括 5 项内容，具表 13-1。

表 13-1 动物福利包括的 5 项内容

福利项目	福利的基本内容
福利一	为动物提供适当的清洁饮水及保持健康和精力所需要的日粮，使动物不受饥渴之苦（生理福利）
福利二	为动物提供适当的房舍或栖息场所，保证舒适的休息和睡眠，使动物不受困顿不适之苦（环境福利）
福利三	为动物做好防疫和给病患动物及时诊治，使动物不受痛苦、伤害和疫病之苦（卫生福利）
福利四	保证动物拥有良好的条件和处置方式（包括宰杀过程），使动物不受恐惧和精神上的痛苦（心里福利）
福利五	为动物提供足够的空间、适当的设施及与同类在一起时，能够自由表达正常的习性（行为福利）

二、建立保障荷斯坦公牛福利的机制

1. 制定相关法律法规 通过制定法律法规，来保障荷斯坦公牛的权益不受侵犯。同时，法律法规也可以规定对荷斯坦公牛福利的监管和执法措施，对违法行为进行严厉打击和处罚。

2. 建立标准规范　制定荷斯坦公牛福利相关标准规范，规范荷斯坦公牛饲养、运输、屠宰、加工、销售等环节的操作流程，确保荷斯坦公牛得到基本的生存条件和安全保障。

3. 建立监督检查机制　建立荷斯坦公牛福利监督检查机制，对荷斯坦公牛的福利情况进行监督检查，发现问题及时处理。监督检查可以由政府部门或第三方机构进行，以确保荷斯坦公牛福利的落实和执行。

4. 加强公众教育和意识培养　提高公众对荷斯坦公牛福利的认识和关注度，加强荷斯坦公牛福利教育，培养人们的责任感和同情心。通过宣传、教育和媒体的力量，推动社会对荷斯坦公牛福利的重视和支持。

5. 探索科技创新和替代方案　积极推动科技创新，探索替代传统养殖和屠宰方式的方法，减少荷斯坦公牛的痛苦和应激。例如，开发新型饲料配方、采用人道屠宰技术等，以尽可能减少对荷斯坦公牛的伤害和痛苦。

6. 建立举报和处理机制　建立荷斯坦公牛福利问题的举报和处理机制，鼓励公众积极向相关部门举报虐待荷斯坦公牛的行为，及时处理并反馈处理结果。

7. 发挥行业协会作用　鼓励荷斯坦公牛产业行业协会制定行业标准和规范，引导企业遵守荷斯坦公牛福利要求，加强行业自律和监管。

三、规模化牛场提高荷斯坦公牛的福利措施

1. 提供良好的环境　荷斯坦公牛场应该舒适、干燥、清洁、宽敞，避免高温、潮湿和拥挤。

2. 保证合理的饲养管理　采用科学的饲养管理方法，合理安排饲料配方、饲喂时间和饲喂次数，保持荷斯坦公牛的身体健康和生产性能的发挥。同时，避免过度使用抗生素和激素等物质。

3. 定期健康检查 定期对荷斯坦公牛进行健康检查，及时发现和治疗疫病，防止疫病的传播。同时，加强对荷斯坦公牛的观察和记录，及时发现异常情况并进行处理。

4. 提供适宜的饮水 牛场应该提供清洁、充足的饮用水，并保持适宜的水温。

5. 避免应激和虐待 在运输、饲养和屠宰过程中，要避免对荷斯坦公牛造成应激，更不要虐待它们。同时，要加强对工作人员的培训和教育，提高他们对荷斯坦公牛福利的认识和责任心。

6. 建立良好的生物安全体系 荷斯坦公牛场应该建立良好的生物安全体系，防止疫病传入。同时，加强疫病监测和控制，及时发现和治疗疫病。

7. 推广人性化养殖模式 采用人性化养殖模式，如建立舒适的圈舍、提供适当的运动和休息场所、提供自然光照和通风等，使荷斯坦公牛能得到更好的生活环境和福利待遇。

第十四章

疾病防治

第一节 传染病的防治

一、炭疽

1. 定义 炭疽是由炭疽杆菌引起的人兽共患急性、热性、败血性传染病，我国将其列为二类动物疫病。

2. 病原 炭疽杆菌属于芽孢杆菌科的芽孢杆菌属，革兰染色为阳性，大小为（1.0～1.5）$\mu m \times$（3～5）μm，菌体两端平直，无鞭毛。在病料中多散在或呈 2～3 个短链排列，有荚膜；在培养基中则形成较长的链条，呈竹节状，一般不形成荚膜。炭疽杆菌在患病牛体内和未剖开的尸体中不易形成芽孢，但暴露于充足氧气和适当温度下在菌体中央能形成椭圆形的芽孢。目前已知只有单一形态。炭疽杆菌为兼性需氧菌，在 12～44℃ 都能生长，最适生长温度为 37℃，最适生长 pH 为 7.3～7.6。菌体对理化因素的抵抗力不强，但芽孢则有坚强的抵抗力，能耐受干燥、热、紫外线、γ 射线和多种消毒剂，在干燥状态下可存活 30～50 年，150℃、60min 方可被杀死。现场消毒常用 2％戊二醛溶液、5％福尔马林溶液、20％漂白粉、0.1％升汞和 0.5％过氧乙酸溶液，来苏儿、石炭酸和酒精的杀灭效果较差。

3. 流行病学 自然条件下，荷斯坦公牛属于易感动物。患病牛是本病的主要传染源，当处于菌血症时，可通过粪、尿、唾液及天然孔等排菌。若尸体处理不当，更易将大量病菌散播于周围环境；若不及时处理，则形成芽孢，污染土壤、水源或牧场，使之成为长久疫源地。本病主要通过采食含有芽孢的饲料、饲草和饮水后经消化道感染，但也可经呼吸道吸入或昆虫叮咬而感染。本病常散发，有时可为地方性流行，干旱或多雨、地震灾后、吸血昆虫多等都是炭疽暴发的因素。

4. 临床症状　本病潜伏期一般为 1～5d，最长可达 20d。按其临床症状可分为 3 种类型：

（1）最急性型　偶尔见于荷斯坦公牛，表现为脑卒中（卒中型）。外表完全健康的荷斯坦公牛突然倒地，全身战栗、摇摆、昏迷、磨牙，呼吸极度困难，可视黏膜发绀，从天然孔流出带泡沫的暗色血液，常于数分钟内死亡。

（2）急性型　病牛体温升高，常达 41℃ 以上，表现兴奋不安，吼叫，或顶撞人、动物、物体后变虚弱。食欲、反刍、泌乳减少或停止。颈、胸、腹部及两侧水肿。呼吸困难，初便秘后腹泻（带血），尿液暗红，有时混有血液，常有中度臌气，腹痛，用后肢踢腹。濒死期鼻孔和肛门出血，一般经 1～2d 死亡。

（3）亚急性型　临床症状与急性型相似，除有急性热性病征外，颈、咽、胸、腹下、肩胛或乳房等部位的皮肤，以及在直肠、口腔黏膜等处发生炭疽痈。初期有热痛，以后热痛消失，发生坏死或溃疡，病程可长达 1 周。

5. 病理变化　急性炭疽表现为败血症病理变化，尸僵不全，尸体极易腐败，从天然孔流出带泡沫的黑红色血液，黏膜发绀。剖检时，血凝不良，黏稠如煤焦油样。全身多发性出血，皮下、肌间、浆膜下结缔组织水肿。脾脏变性、淤血、出血、水肿，常肿大至 2～5 倍，脾髓呈暗红色，煤焦油样，粥样软化。咽部、肠系膜及其他淋巴结出血、肿胀、坏死，邻近组织有出血性胶样浸润，还可见扁桃体肿胀、出血、坏死，并有黄色痂皮覆盖。局部慢性炭疽，屠宰检疫时可限于几个肠系膜淋巴结的变化。

6. 诊断

（1）病料采集　可采取病牛的末梢静脉血或切下一块耳组织，必要时局部做小切口取下一小块脾脏，将病料放入密封的容器中，详细标记后尽快送往实验室。

（2）微生物学检测　主要包括对采集病料中炭疽杆菌的涂片镜检、分离培养及鉴定。

（3）免疫学检测　主要是 Ascoli 反应，用已知抗体（炭疽沉淀素血清）诊断抗原，是诊断炭疽简便而快速的方法。其优点是当病料因陈腐而菌体死亡导致培养失效时，仍可用于诊断。但因为炭疽杆菌与其他腐生芽孢杆菌具有共同耐热抗原，因此有时会出现非特异性反应。应用此法的先决条件是被检组织中必须含有足够量的抗原物质。被检样品浸泡液与沉淀素阳性血清接触面在 15min 内出现清晰、致密如线的白色沉淀环的即可判为阳性。

（4）接种　于小鼠腹腔注射 0.5mL 培养物或病料悬液，经 1~3d 后小鼠因败血症死亡，在其血液或脾脏中可检出有荚膜的炭疽杆菌。

（5）聚合酶链反应　以炭疽杆菌毒素质粒 pX01 和荚膜质粒 pX02 特异序列设计的引物建立的聚合酶链反应（polymerase chain reaction，PCR）方法可用于检测炭疽杆菌强毒菌株。对腐败病料和血液中的炭疽杆菌有较强的敏感性，但对炭疽芽孢的检测不够敏感，其最低检出量为每克样品 2 000 个芽孢。

（6）琼脂扩散试验和荧光抗体技术　最急性型和急性型炭疽的临床症状常与巴氏杆菌病及恶性水肿的相似，在诊断时应加以鉴别。巴氏杆菌病可在血液及实质脏器中检出两端着色的革兰阴性巴氏杆菌，Ascoli 反应呈阴性。恶性水肿为创伤感染，触摸其肿胀有凉感，以后呈气性肿胀并迅速向四周扩散，触诊有捻发音，细菌检查为两端钝圆的大杆菌，新鲜病料中也有芽孢出现。

7. 预防　在疫区或常发地区，夏季应避免荷斯坦公牛接触、食入被洪水冲刷过的牧草，防止吸血昆虫叮咬荷斯坦公牛，新鲜块根类食物应充分洗净后再饲喂。每年对易感牛进行免疫接种是预防本病的最主要措施，常用疫苗有无毒炭疽芽孢和Ⅱ号炭疽芽孢，接种 14d 后能产生免疫力，免疫期为 1 年。

8. 治疗　对已确诊患病荷斯坦公牛，一般不予治疗，而应尽快销毁。必须治疗时，应严格隔离和做好个人防护。抗炭疽高免血清是治疗炭疽的特效药物，早期使用可获得很好的效果。荷斯坦公牛治疗剂量为 100～250mL，预防剂量为 30～40mL。青霉素、环丙沙星、多西环素及某些磺胺类药物对本病均有良好的治疗效果。如果与抗炭疽血清联合使用，则疗效更为显著。

9. 扑灭措施　一旦发生本病，应尽快上报疫情，划定疫点、疫区，采取隔离、封锁等措施，禁止疫区内牛交易和输出牛产品及草料。禁止食用患病牛的肉。应对患病牛做无血扑杀处理，对疫区、受威胁区所有易感牛进行紧急免疫。严禁解剖病死牛，必须采样时应严格按照技术规范操作，防止病原污染环境。死尸的天然孔及切开处，用 0.1% 升汞浸泡的脱脂棉花或纱布堵塞，连同粪便、垫草一起焚烧。尸体可就地深埋。被病死牛污染的地面应去除 15～20cm 厚的表土，与 20% 漂白粉混合后深埋。疫区内环境、圈舍及用具均应彻底消毒。当达到本病解除封锁的条件要求时再解除封锁。

二、布鲁氏菌病

1. 定义　布鲁氏菌病是由布鲁氏菌引起的一种人兽共患慢性传染病，简称布病。

2. 病原　本病病原布鲁氏菌，属于布鲁氏菌属成员。布鲁氏菌属有 9 个种，其中对人和动物有致病性的共 6 种。流产布鲁氏菌又称为牛种布鲁氏菌。

各型布鲁氏菌在形态和染色上无明显区别，均为细小、两端钝圆的球杆菌或短杆菌，大小为（0.5～0.7）μm×（0.6～1.5）μm。无鞭毛，不运动，不形成芽孢，在条件不利时有形成荚膜的能力。革兰染色为阴性，吉姆萨染色呈紫色，柯兹洛夫斯基染色呈红色。

布鲁氏菌对外界环境的抵抗力较强，在土壤中能存活 72～120d，在粪尿中能存活 45d，在水中能存活 75～150d，在乳、肉类食品中能存活 2 个月。对干燥和寒冷的抵抗力较强，但对热敏感，60℃经 30min、70℃经 5min 可被完全杀死，在煮沸条件下立即死亡。本菌对消毒剂的抵抗力不强。3％石炭酸、3％来苏儿、0.1％升汞、2％氢氧化钠溶液 1h，1％～2％溶液 3h，5％新鲜石灰溶液 2h，以及 0.5％洗必泰溶液、0.1％新洁尔灭溶液 5min 内都可杀灭本菌。

3. 流行病学　患病及带菌荷斯坦公牛是本病的主要传染源。最危险的传染源是受感染的妊娠母牛，其流产时会随胎儿、胎衣、胎水和阴道分泌物排出大量细菌。此外，病牛还可通过乳汁、精液、粪便、尿液排出病原。本病的主要传播途径为消化道，其次为皮肤、黏膜及生殖道，吸血昆虫也可以传播本菌。一般情况下，幼龄牛对本病有一定的抵抗力，随着年龄的增长易感性增加，性成熟后对本病非常易感。首次妊娠的母牛容易感染发病，多数病牛发生一次流产，流产两次的较少。在老疫区，发生流产的较少；在新疫区，以暴发性流行为主，各胎次妊娠母牛均可发生流产。饲养管理不良、拥挤、寒冷潮湿、饲料不足等均可促进本病发生和流行。

4. 诊断　如发现妊娠母牛流产，而且多发生于第 1 胎妊娠母牛，多数只流产 1 次，流产后常伴发胎衣不下、子宫炎、屡配不孕，荷斯坦公牛表现睾丸炎症状等可怀疑本病。确诊需进行实验室检查。

（1）细菌学检查　可取胎衣、绒毛膜渗出物、胎儿胃内容物、水肿液、腹水等制成涂片，用柯兹洛夫斯基染色法染色、镜检，可见单个、成对或成堆存在的红色球杆状细菌，其他细菌被染成微绿色或蓝色。有条件时可将病料接种培养基，进行病原菌的分离鉴定，必要时可接种豚鼠，做进一步检查。

（2）分子生物学检查　用核酸探针、PCR可以快速检测布鲁氏菌。病料可采取患病牛脾脏、淋巴结，流产胎儿胃内容物、胎衣、绒毛膜渗出物、水肿液、腹水等，也可采取粪便、尿液、乳汁等。

（3）免疫学检查　常用血清凝集试验、补体结合试验、全乳环状试验、变态反应、酶联免疫吸附试验、荧光偏振试验等方法。

①血清凝集试验。是布鲁氏菌病诊断和检疫的常用方法，具有较强的特异性和敏感性，有试管凝集试验、平板凝集试验、缓冲布鲁氏菌抗原试验、虎红平板凝集试验、缓冲平板凝集试验等。在国际贸易中，缓冲布鲁氏菌抗原试验是诊断牛布鲁氏菌病的指定筛选试验，我国常用的检测试验为虎红平板凝集试验。世界动物卫生组织（World Organization for Animal Health，WOAH）确定的国际贸易指定试验和试管凝集试验，一般用虎红平板凝集试验初筛，阳性者用试管凝集试验做复核试验。

②补体结合试验。本法具有很强的特异性，也是WOAH确定的国际贸易指定用于牛布鲁氏菌病的试验。但其操作复杂，通常只作为辅助诊断方法。

③全乳环状试验。此法操作简便，敏感性高，可用于混合牛乳的普查，以判定牛群是否存在布鲁氏菌病。

④变态反应。可用于检查犊牛，在尾根皮内注入 0.2mL 流产布鲁氏菌，阳性者 24h 内出现红肿，阴性者无任何变化。

⑤酶联免疫吸附试验。酶联免疫吸附试验（enzyme - linked immunosorbent assay，ELISA）是 WOAH 确定的用于牛布鲁氏菌病的国际贸易指定试验。有间接酶联免疫吸附试验（I - ELISA）和竞争酶联免疫吸附试验（C - ELISA），具有高度的敏感性和特

异性，是检疫布鲁氏菌病的良好方法。

⑥荧光偏振试验。荧光偏振试验（fluorescence polarisation assay，FPA）是WOAH确定的国际贸易指定试验，具有很高的敏感性和特异性，且具有批量检测的优点。

布鲁氏菌病的主要症状是流产，要注意与具有相同症状的疾病相鉴别，如牛的衣原体病、传染性鼻气管炎、病毒性腹泻-黏膜病等。

5. 预防　本病发生时无有效治疗药物，应当着重体现"预防为主"的原则，采取检疫、免疫、淘汰患病牛等综合性措施进行防控。

（1）无病地区或荷斯坦公牛群体的预防措施

①坚持自养自繁，必须引进牛时应从无病地区引入并进行严格检疫。对引入牛进行两次布鲁氏菌病的免疫学检查，全群检查均为阴性者才可引入。

②对群体进行定期检疫和疾病监测。应用免疫学方法对牛群定期抽样检查布鲁氏菌病，如发现阳性牛，则按布鲁氏菌病污染牛群体处理。

③群体发生不明原因的流产时，应怀疑布鲁氏菌病。立即隔离患病牛，对流产物污染的环境和用具进行彻底消毒，对流产胎儿和母牛进行诊断和检测，如为布鲁氏菌病，则该群体按感染牛群处理。

（2）感染地区或荷斯坦公牛群体（污染动物群体）的控制措施

①定期检疫（对荷斯坦公牛和荷斯坦母牛）。采用免疫学方法，对所有牛每年进行2次检出的患病牛要严格隔离饲养，严禁与健康牛接触。荷斯坦公牛必须检疫，只有健康的荷斯坦种公牛才能作为种用。

②检疫净化。对感染牛群体，以免疫学方法进行反复多次检疫，检出的患病牛（有症状的牛）应立即淘汰，而血检阳性牛应隔

离并由专人饲养，避免与健康牛接触，如阳性牛数量少，也可进行淘汰处理。这样逐步检疫净化，直至全群牛均为阴性。再经 1 年以上检疫或连续 3 次检疫未出现阳性的群体，即认为是净化群体。

③培育健康牛群体。如血检阳性牛数量多，不能立即淘汰处理，则采用培育健康牛群体方法，血检阳性母牛用健康荷斯坦种公牛的精液进行人工授精。对产前、产后的母牛和产房环境进行彻底消毒。幼龄犊牛出生后，立即与母牛群体隔离，喂健康母牛的初乳，以后喂健康乳或消毒乳。在 1 年内进行 2～3 次免疫学检查，如检查均为阴性，可作为健康牛饲养；如检查为阳性，则进行淘汰处理。

④严格执行消毒等兽医卫生措施。对圈舍环境要定期进行严格消毒，一旦发现流产，则必须对流产物进行彻底的无害化处理，同时对污染环境严格消毒。

⑤免疫接种。布鲁氏菌病疫苗有弱毒疫苗、灭活疫苗及基因工程疫苗（基因缺失疫苗、DNA 疫苗等）。国外多采用弱毒疫苗针对本病进行免疫预防，如流产布鲁氏菌 A19 号疫苗等。也有使用灭活疫苗的，如牛流产布鲁氏菌 45/20 疫苗等，但一般认为灭活疫苗免疫效果不理想。基因工程疫苗尚处于研究阶段，目前还没有在生产实践中应用。我国使用的是流产布鲁氏菌 A19 号疫苗，对牛的免疫效果较好，免疫期可达 6 年之久。仅用于荷斯坦母牛的免疫，在荷斯坦母牛配种前免疫 1 次或 2 次即可。在实施免疫措施时，对于流行严重地区的牛，用猪种布鲁氏菌 2 号疫苗进行饮水免疫，每年 1 次。如果配合检疫净化措施，可在每年免疫前采血进行血清学检测（避免疫苗免疫干扰血清学检测），扑杀血检阳性牛，继续免疫其他牛，则防控效果会更好。应当指出的是，布鲁氏菌病弱毒疫苗均具有一定的毒力，一般不用于妊娠母牛，对人也有一定毒性，因此在使用中应做好自身防护。

⑥发生布鲁氏菌病时应及时诊断、隔离、扑杀患病牛并做无害

化处理。流产物、胎儿、胎衣进行无害化处理。患病牛的分泌物、排泄物及被其污染的环境、厩舍、用具、运输工具等均应彻底消毒。疫区的生皮、牛毛等牛产品及饲草料等也应进行消毒处理后才能利用。周围地区紧急免疫接种。做好相关人员的个人防护。

三、结核病

1. 定义　结核病是由分枝杆菌起的人兽共患慢性传染病，其特点是在多种组织器官形成结核结节和干酪样坏死或钙化结节。

2. 病原　本病病原是分枝杆菌属的 3 个种，即结核分枝杆菌、牛分枝杆菌和禽分枝杆菌。分枝杆菌属除有这 3 个种外，还包括副结核分枝杆菌、胞内分枝杆菌 30 余个种，但对人和动物的致病力较弱或无致病力。

3. 流行病学　牛的结核病主要由牛分枝杆菌引起，也可由结核分枝杆菌引起。病牛尤其是开放型患病牛是本病的主要传染源，其痰液、粪尿、乳汁和生殖道分泌物中都可带菌，通过被污染的饲料、食物、饮水、空气和环境而散播病菌，病菌随咳嗽、喷嚏被排出体外，飘浮在飞沫中，健康的人和动物吸入后即可感染。饲养管理不当与本病的传播有密切关系，圈舍通风不良、拥挤、潮湿、阳光不足及牛缺乏运动时，最易患病。

4. 临床症状　病初临床症状不明显，当病程逐渐延长时病症才逐渐显露。病牛常表现为肺结核、乳房结核、淋巴结核，有时可见肠结核、生殖器结核、脑结核、浆膜结核及全身结核。荷斯坦公牛发生肺结核时，病初食欲、反刍无明显变化，但易疲劳，常有短而干的咳嗽，尤其是当起立运动、吸入冷空气或含尘埃多的空气时易咳。随着病情的发展，病牛咳嗽加重、频繁且表现痛苦，呼吸次数增加，严重时气喘。病牛日渐消瘦、贫血，有的病牛体表淋巴结肿大，常见于肩前、股前、腹股沟、下颌、咽及颈淋巴结等。当纵隔淋巴结受侵害肿大并压迫食管时，则有慢性瘤胃臌气的临床症状。病情恶化时可发生全身性结核，即粟粒性结核。胸膜、腹膜发生结核即所谓的"珍珠病"，听诊胸部有摩擦音。肠道结核多见于荷斯坦公犊，表现为消化不良、食欲不振、顽固性腹泻、迅速消瘦。生殖器官结核，可见性机能紊乱，发情频繁，性欲亢进，慕雄狂。妊娠母牛流产。公牛附睾肿大，阴茎前部可发生结节、糜烂等。

5. 病理变化　荷斯坦公牛肺脏或其他器官常见很多突起的白色结节，切面为干酪化坏死，有的坏死组织溶解和软化，排出后形成空洞。有的钙化，切开时有沙砾感。胸膜和腹膜发生密集结核结节，呈粟粒大至豌豆大的半透明灰白色坚硬结节，形似珍珠状，即所谓的"珍珠病"。胃肠黏膜可能有大小不等的结核结节或溃疡。荷斯坦母牛乳房结核多发生于进行性病例，剖开可见大小不等的病灶，内含有干酪样物质，还可见到急性渗出性乳腺炎的病理变化；子宫多为弥漫干酪化，多出现在黏膜上，黏膜下组织或肌层组织内也发生结节、溃疡；子宫腔含有油样脓液，卵巢肿大，输卵管变硬。

6. 诊断　当荷斯坦公牛群中有进行性消瘦、咳嗽、慢性器官炎症、顽固性腹泻、体表淋巴结慢性肿胀等临床症状时，可作为初步诊断的依据。但在不同情况下，需结合流行病学、临床症状、病理变化、细菌学试验、结核菌素试验和分子生物学试验等综合诊断较为切实可靠。

（1）细菌学试验　本法对开放性结核病的诊断具有实际意义。采取患病荷斯坦公牛的病灶、痰、尿、粪及其他分泌物，做切片检查、分离培养和动物接种试验。采用荧光抗体技术检查病料，具有快速、准确、检出率高等优点。

（2）结核菌素试验　是目前诊断结核病最有现实意义的方法，也是 WOAH 推荐的检测方法。结核菌素试验主要包括老结核菌素（OT）和提纯结核菌素（PPD）诊断法。

①老结核菌素诊断法。我国现行荷斯坦牛结核病检疫规程规定，应以结核菌素皮内注射法和点眼法同时进行。每次检疫各做两次，两种方法中的任何一种是阳性反应者，即判定为结核菌素阳性反应牛。

②提纯结核菌素诊断法。诊断荷斯坦公牛结核病时，将牛分枝杆菌提纯菌素用蒸馏水稀释成100 000IU/mL，于颈侧中部上1/3处皮内注射0.1mL。

（3）分子生物学试验 PCR、核酸探针、基因芯片、DNA序列测定等分子生物学方法皆可做特异性诊断，具有快速、简便、分辨率高的特点。不但可以做鉴别诊断，而且还能按照分枝杆菌种系进化的关系确定精确的种系。

7. 防控 牛结核病发生时一般不予治疗，而是采取加强检疫、隔离、淘汰、防止疾病传入、净化污染群等综合性防疫措施。对健康牛群（无结核病牛群），平时应加强防疫、检疫和消毒，防止疾病传入。每年春、秋两季定期进行结核病检疫，主要用结核菌素，结合临床症状检查。发现阳性牛及时处理，牛群则应按污染群对待；对污染牛群，应进行多次检疫，不断出现阳性牛时则应淘汰污染群的开放性病牛（即有临床症状的排菌病牛）及生产性能不好、利用价值不高的牛。结核菌素反应阳性牛群，应定期进行临床检查，必要时进行细菌学检查，发现开放性病牛立即淘汰，最好对结核菌素阳性牛及时处理，不予饲养，以根除传染源。病牛所产犊牛出生后只吃3～5d初乳，以后则由检疫无病的母牛喂养或人工喂消毒乳。犊牛应在出生后1月龄、3～4月龄、6月龄进行3次检疫，凡呈阳性者必须淘汰。如果3次检疫都呈阴性反应，且无任何可疑临床症状，可放入假定健康牛群中培育。假定健康向健康过渡的牛群，应在第1年每隔3个月进行一次检疫，直到没有一头阳性牛出现为止。然后再于1～1.5年的时间内连续进行3次检疫，如果3次均为阴性反应即可称为健康牛群。加强消毒工作，每年进行2～

4次预防性消毒，每当牛群中出现阳性病牛后，都要进行一次大消毒，常用的消毒剂为5％来苏儿、10％漂白粉、3％福尔马林溶液或3％氢氧化钠溶液。

四、口蹄疫

1. 定义　口蹄疫在民间俗称"口疮"，是由口蹄疫病毒引起的一种急性、热性、高度接触性人兽共患传染病，主要侵害牛、羊、猪等偶蹄类动物。

2. 病原　口蹄疫病毒属于微RNA病毒科的口蹄疫病毒属。病毒粒子为二十面体对称结构，呈球形或六角形，直径为20～25nm，无囊膜。内部为单股线状正链RNA，决定病毒的感染性和遗传性；外部为蛋白质，决定其抗原性、免疫性和血清学反应能力。口蹄疫病毒的血清型有A、O、SAT1、SAT2、SAT3（南非1、2、3型）、Asia-Ⅰ型（亚洲1型），我国目前流行的有A、O及亚洲1型；欧洲主要是A、O型，以O型多见。病毒具有多型性、易变异的特点，各血清型间无交叉免疫性，但在临床症状方面的表现却没有什么不同。每一个血清型又包含若干个亚型，同型各个亚型之间也仅有部分交叉免疫性。口蹄疫病毒易通过抗原漂移而发生变异，故常有新的亚型出现，该病毒的这种特性给口蹄疫的防控带来了一定困难。

3. 流行病学　患病牛及持续性感染牛是主要传染源，发病初期的患病牛是最危险的传染源，出现临床症状后的前几天，排毒量多，毒力强，恢复期的牛排毒量逐步减少。病牛以舌部水疱皮中的含毒量最高，其次为粪、尿、乳和精液。持续性感染牛带毒时间很长，且病毒含量有波动，抗体也随之而波动。病毒在感染牛体内可发生抗原变异，出现新的亚型。口蹄疫病毒可经多种途径传播，当患病牛和健康牛在同一牛舍或牛群中相处时，病毒常通过直接接触的方式传播。间接接触传播是本病发生的重要途径，患病牛的分泌物、排泄物、渗出物、乳汁，以及被污染的空气、饲草、饮水、垫料、土壤等中含有大量的病毒。易感牛吸入污染有病毒的飞沫是主要的感染途径，也可通过采食或接触污染物经损伤的皮肤、黏膜感染。口蹄疫病毒可随风呈跳跃式、远距离传播，尤其是在低温、高湿、阴霾的天气，可发生长距离的气雾传播。目前认为，持续感染牛为感染后咽喉带毒超过 28d 的牛，病毒可在某些临床康复牛的咽部长时间存在。牛的带毒期可达 2 年，少数可长达 3 年。

口蹄疫传染性强，发病率高，一经发生多呈流行或大流行形式。长期存在本病的地区其流行常表现周期性，每隔 3～5 年暴发一次。发生季节随地区变异，牧区常表现为秋末开始，冬季加剧，春季减轻，夏季平息；而农区季节性不明显。口蹄疫病毒对成年牛的病死率通常低于 2%，但幼龄牛的病死率有时高 50% 以上。因此，产犊季节发生口蹄疫，损失往往巨大。

4. 临床症状　不同牛发病后的临床症状基本相似，但由于侵入病毒的数量和毒力及感染途径不同，故潜伏期的长短和临床症状也不完全一致。荷斯坦公牛的潜伏期一般 2～7d，最长可达 14d。病牛体温升高达 40～41℃，稽留 8～48h；食欲不振，精神沉郁，闭口，流涎，开口时有吸吮声。1d 后唇内、齿龈、口腔、舌面和颊部出现黄豆大、后融合至核桃大的水疱，由淡黄色转灰白色，口腔温度高；口角流涎量增多，呈白色沫状，常常挂满嘴边而似胡须；采食、反刍完全停止。水疱经 1～3d 后破溃，形成的红色糜烂水疱破裂后，体温降至正常，糜烂逐渐愈合，全身症状逐渐好转。如有细菌感染，则糜烂加深，发生溃疡，愈合后形成瘢痕，有时并发纤维蛋白性坏死性口膜炎、胃肠炎。也可在鼻咽部形成水疱，引起呼吸障碍和咳嗽。在口腔发生水疱的同时或稍后，趾间及蹄冠的柔软皮肤表现红肿、疼痛，迅速出现水疱，并很快破溃，出现糜烂，或干燥结成硬痂，然后逐渐愈合。若病牛衰弱或饲养管理不当，则糜烂部位可能发生激发感染、化脓、坏死，患病牛站立不稳，跛行，甚至蹄匣脱落、变形，卧地不起。

本病一般多呈良性经过，经 1～2 周即可治愈。如果蹄部出现病理性变化，则病期可延至 2～3 周或更久。但在某些情况下，当病牛趋向恢复时，病情可突然恶化，病牛全身虚弱，肌肉发抖，特别是心跳加快，节律失调，反刍停止，食欲废绝，行走摇摆，站立不稳，最终因心脏麻痹而突然倒地死亡，这种病型称为恶性口蹄疫，病死率可高达 50%，主要是病毒侵害心肌所致，尤以犊牛多见。孕牛可发生流产。哺乳犊牛患病时，水疱不明显，主要表现为出血性肠炎和心脏麻痹，病死率高，病愈后可获得 1 年左右的免疫力。

5. 病理变化　患病牛的口腔、蹄部、乳房、咽喉、气管、支气管和胃黏膜可见到水疱、烂斑和溃疡；真胃和大小肠黏膜可见出血性炎症；心包膜有弥漫性及点状出血，心脏表面有灰白色或淡黄色的斑点或条纹，俗称"虎斑心"，心肌松软似煮过的肉。组织病理学检查可见皮肤的棘细胞肿大而呈球形，间桥明显，渗出明显乃至溶解。心肌细胞变性，坏死，溶解，其释放出有毒分解产物而使患病牛死亡。

6. 诊断　根据流行病学、临床症状和病理剖检特点可做出初步诊断，确诊需要进行实验室诊断。

（1）病毒分离鉴定

①病料采集。通常采集新鲜的水疱皮或水疱液，加入等量 pH 为 7.6 且含 10% 胎牛血清的组织培养液；也可从刚发过病的牛采集病料，一般采集血液或用食管探杯刮取咽喉食管分泌物；死亡牛则可用淋巴结、骨髓、甲状腺或心肌等材料作为病料。

②分离鉴定。用病料制成 20% 的组织悬液，接种细胞培养物、未断乳乳鼠等实验动物，口蹄疫病毒可在猪肾细胞、乳仓鼠肾细胞等细胞系中增殖并产生细胞病变，可致 7 日龄内乳鼠死亡，必要时可进一步通过血清学试验、聚合酶链式反应等检测、鉴定病毒。

（2）分子生物学诊断　随着分子生物学技术的迅猛发展，口蹄疫的诊断技术也得到了快速发展，主要有核酸杂交、RT - PCR 等技术。

（3）血清学试验 血清学试验常用于口蹄疫病毒毒型的鉴定，以便依据流行毒株的血清型选用同型口蹄疫疫苗，进行紧急免疫接种。常用的血清学试验有补体结合试验、免疫扩散沉淀试验、荧光抗体技术等。近年来，WOAH 推荐的间接夹心 ELISA 在国际贸易中被广泛使用，数小时内可获得试验结果。

（4）动物接种试验 一般选 2～7 日龄纯系乳鼠，于颈背部皮下接种病毒感染液 0.2mL。接种乳鼠通常于 20～30h 出现典型的口蹄疫症状，运动不灵活，用镊子夹住尾巴或四肢，常可发现其已失去知觉。随后四肢麻痹，呼吸迫促，最终死亡。采集濒死期或刚死乳鼠的骨骼肌，研磨制成 10% 的病料悬液，供传代接种和鉴定用。也可选用豚鼠或乳兔进行试验接种。

（5）鉴别诊断 口蹄疫与牛瘟、牛恶性卡他热、水疱性口炎等疫病的临床症状相似，应当注意进行鉴别。

7. 预防 患病牛一般不进行治疗，应采取扑杀措施。若要治疗，应加强护理，精心饲喂，当牛不能采食时，注意人工补饲或饮水，防止因过度饥饿使病情恶化而死亡。圈舍应保持清洁、通风、干燥和暖和。

①口腔可用清水、食醋或 0.1% 高锰酸钾溶液洗漱，糜烂面涂以 1%～2% 明矾溶液或碘酊甘油（碘 7g、碘化钾 5g、酒精 100mL，溶解后加入甘油 10mL），也可外敷冰硼散。

②蹄部可用 3% 来苏儿水或 3% 克辽林溶液洗涤，干后涂拭松馏油或鱼石脂软膏等，并用绷带包扎。

③恶性口蹄疫病牛除局部治疗外，可补液强心，用葡萄糖盐水、安钠咖或口服结晶樟脑，一次 5～8g，每日 2 次，有良效。

当牛群发生口蹄疫时，应立即上报疫情，划定疫点、疫区和受威胁区，实施隔离封锁措施，对疫区和受威胁区未发病牛进行紧急免疫接种，并按"早、快、严、小"的原则，立即实现封锁、隔离、检疫、消毒等措施。疫区内最后一头患病牛痊愈、死亡或扑杀后经 14d 以上连续观察，未出现新的病例且经终末消毒后可解除封锁。

五、大肠杆菌病

1. 定义　牛的大肠杆菌病是由大肠埃希菌引起的疾病，主要侵害犊牛。

2. 病原　大肠埃希菌属于肠杆菌科的埃希菌属，为革兰染色阴性、无芽孢的直杆菌，大小为（0.4～0.7）μm×（2～3）μm，两端钝圆，常散在或成对出现。大多数菌株以周生鞭毛运动，但也有无鞭毛或丢失鞭毛的无动力变异株。一般均有Ⅰ型菌毛。除少数菌株外，通常无可见荚膜，但常有微荚膜。碱性染料对本菌有良好的着色性，菌体两端偶尔略深染。

3. 流行病学　本病一年四季均可发生，但犊牛多发于冬、春季舍饲期间。初生犊牛未及时吃上初乳，过饱，饲料不良、配比不当或突然改变，气候剧变等易诱发本病。大型集约化养殖场牛群体密度过大、通风换气不良、饲管用具及环境消毒不彻底是加速本病流行的因素。

4. 诊断　根据流行病学、临床症状和病理变化可做出初步诊断，确诊需进行细菌学检查，一般采取血液、内脏组织（如肝脏、脾脏和肠管等病料）。先将病料进行涂片、染色、镜检，再进行分离培养，对分离出的疑似大肠杆菌进行生化反应和血清学鉴定；然后根据需要做动物致病性试验，确定其致病性。只有证明分离株具有致病性，才有诊断意义。需要注意的是，牛的大肠杆菌病要与犊牛副伤寒相区别。

5. 临床症状　本病潜伏期很短，仅有几个小时。

（1）败血型　发病犊牛发热，精神不振，间有腹泻，常于临床症状出现后数小时至 1d 内急性死亡。有时犊牛未见腹泻即死亡。从血液和内脏中易分离到致病性大肠杆菌。

（2）肠毒血症型 较少见，病牛常突然死亡。如病程稍长，则可见到典型的中毒性神经系统症状，病牛先是兴奋、不安，后沉郁、昏迷，以至死亡，死前多有腹泻。由特异血清型的大肠杆菌产生的肠毒素引起，没有菌血症。

（3）肠型 初期病牛体温升高达 40℃，数小时后开始腹泻，体温降至正常。粪便初如粥样、黄色，后呈水样、灰白色，混有未消化的凝乳块、凝血及泡沫，有酸败气味。末期患病牛肛门失禁，常有腹痛，用蹄踢腹壁。病程长的，可见肺炎及关节炎。如及时治疗，一般可以治愈。耐过的病犊，恢复很慢，发育迟滞，并常发生脐炎、关节炎或肺炎。

6. 病理变化 因败血症或肠毒血症死亡的病犊，常无明显的病理变化。腹泻的病犊，皱胃中有大量凝乳块、黏膜充血、水肿，覆有胶状黏液，皱褶部出血。肠内容物常混有血液和气泡，恶臭。小肠黏膜充血，在皱褶基部有出血，部分黏膜上皮脱落。直肠也可见同样变化。肠系膜淋巴结肿大。肝脏和肾脏颜色苍白，有时有出血点。胆囊内充满黏稠的暗绿色胆汁。心内膜有出血点。病程长的病例关节和肺也有病理变化。

7. 预防 控制本病重在预防。妊娠母牛应加强产前、产后的饲养和护理，新生的荷斯坦犊牛应及时吮吸初乳，勿使饥饿或过饱，断乳期间饲料不要突然改变，同时要防止各种应激因素的不良影响。用本地流行的优势血清型大肠杆菌制备的灭活疫苗接种妊娠母牛，可使初生犊牛获得被动免疫。

六、巴氏杆菌病

1. 定义 牛的巴氏杆菌病是由多杀性巴氏杆菌引起的一种疾病的总称。

2. 病原 多杀性巴氏杆菌属于巴氏杆菌科的巴氏杆菌属，是一种两端钝圆的短杆菌或球杆菌。长 $0.6 \sim 2.5 \mu m$，宽 $0.2 \sim 0.4 \mu m$。但在多次传代的培养物或不利生长条件下，该菌呈多形性，如长杆状或细丝状。不形成芽孢，无鞭毛，不运动，革兰染色为阴性，兼性厌氧。病料组织涂片做瑞氏染色、吉姆萨染色或美蓝染色，镜检菌体可见典型的两极着色。用印度墨汁染色镜检，可见新分离的强毒菌株有清晰的荚膜，但经过人工传代培养的弱毒菌株荚膜则消失。

3. 流行病学

（1）易感性 多杀性巴氏杆菌对多种动物和人均有致病性，牛中以荷斯坦牛发病较多。

（2）传染源 疾病发生与环境条件及牛的抵抗力紧密相关。牛群体中发生巴氏杆菌病时，往往查不出传染源，一般认为牛在发病前已经带菌。患病牛的排泄物、分泌物及带菌牛也是本病的重要传染源。

（3）传播途径 本病主要通过荷斯坦公牛消化道和呼吸道，也可通过吸血昆虫和损伤的皮肤、黏膜而传播。本病的发生一般无明显的季节性，但以冷热交替、气候剧变、闷热、潮湿、多雨的时期发生较多，各地因气候不同而有不同的发病季节。本病一般为散发性。

4. 临床症状

（1）败血型 初期病牛高热，可达 $41 \sim 42 \mathbb{C}$，随之出现全身症状，精神沉郁，低头弓背，心跳加快，肌肉震颤，步态不稳。皮温不整，结膜潮红，鼻镜干燥，不食，瘤胃蠕动消失，泌乳和反刍停止。腹痛，腹泻，粪便初为粥状，后呈液状并混有黏液、黏膜片和血液，具有恶臭。常于 $12 \sim 24 h$ 死亡，濒死期则出现体温下降。

（2）水肿型 病牛精神沉郁，体温略有升高，食欲减退或废绝，鼻镜干燥，反刍停止，被毛干燥，反应迟钝。头、颈、咽喉及胸前皮下水肿，肿胀部位开始较热、痛而硬，然后变凉，疼痛减轻。舌及周围组织高度肿胀，时而可见舌伸出唇外，呈暗红色，流涎、磨牙、呼吸困难。眼红肿、流泪，黏膜发绀。病牛常因窒息和腹泻而死亡，病程多为 12～36h。

（3）肺炎型　病牛表现急性纤维素性胸膜炎、肺炎症状。呼吸困难，有疼痛性咳嗽，流泡沫样鼻液，后鼻液呈脓性。听诊有水泡性杂音及胸膜摩擦音，叩诊胸部出现浊音区及疼痛感。病牛初期便秘，后期有的发生腹泻，粪便恶臭并混有血液；有的尿血，于数天至 2 周死亡。

（4）慢性型　以慢性肺炎为主，病程 1 个月以上。

5. 病理变化

（1）败血型　病牛全身浆膜、黏膜、皮下、肌肉等均有出血点。肺脏明显肿胀，有出血点或出血斑，显微镜检查可见肺泡间质增宽，炎性细胞浸润，肺泡腔有大量炎性渗出物和红细胞。肝脏肿胀，质脆，实质细胞变性、坏死。脾脏有出血点，但不肿胀。淋巴结充血，水肿。胸腹腔内有大量渗出液，渗出液置空气中易凝固。胃肠黏膜有明显充血、淤血和出血，黏膜脱落，肠壁变薄，肠内容物呈黑褐色的稀糊状。

（2）水肿型　头、颈和咽喉部水肿，颈部、咽喉部、胸前和四肢皮下有浆液浸润，切开时有大量深黄色透明液体流出，间或出血，液体置空气中易凝固。咽周围结缔组织呈胶冻样，咽淋巴结和颈前淋巴结高度肿胀。气管、支气管呈急性卡他性炎症。胃肠黏膜充血、出血，部分黏膜脱落，肠壁变薄，肠内容物呈粥状，常混有血液。肝脏、肾脏、心脏等实质器官发生变性。

（3）肺炎型　主要表现为纤维素性肺炎和浆液纤维素性胸膜炎，肺脏组织颜色从暗红色、淡红色到灰白色，切面呈大理石样。随病变的发展，在肝变区可见到干燥、坚实、易碎的黄色坏死灶，个别坏死灶周围有结缔组织形成的包囊。胸腔积聚大量有絮状纤维素的浆液，并伴有纤维素性心包炎和腹膜炎。心包液混浊，胸内淋巴肿大、出血，呈紫红色。

6. 诊断 根据流行病学、临床症状和病变特点可做出初步诊断，确诊需进行实验室诊断，可取病死牛肝脏、脾脏、淋巴结、体液、分泌物及局部病灶组织等，先做染色镜检，再做细菌分离与鉴定。如有必要，还可做动物试验和 PCR 检测等。

（1）涂片镜检 对病料涂片、染色、镜检，巴氏杆菌为革兰阴性菌；瑞氏、吉姆萨或美蓝染色，可见典型的两极着色的球杆菌；用印度墨汁等染料染色，可见清晰的荚膜。

（2）细菌分离、鉴定 将病料分别接种营养肉汤、普通琼脂、鲜血琼脂和麦康凯琼脂培养基中，37℃培养 24h，观察细菌的生长情况、菌落特征、溶血性等，并染色镜检。挑取可疑菌落进行克隆、纯化培养，用纯化的可疑培养物做生化试验鉴定。

（3）动物试验 致病性试验常用小鼠和家兔作为实验动物，分离自死亡牛的巴氏杆菌可在 12h 内致小鼠死亡。实验动物死亡后立即剖检，取实质脏器等分离细菌，并涂片、染色、镜检，见大量两极浓染的细菌即可确诊。

（4）PCR 检测 既可从病料中直接检测巴氏杆菌，也可对分离物进行鉴定。

7. 治疗 患病牛发病初期用高免血清治疗，可获得良好的效果，用青霉素、链霉素、磺胺类药物、喹乙醇及新上市的有关抗菌药物进行治疗也有一定效果。如将抗生素和高免血清联用，则疗效更佳。大群治疗时，可将药物投放在饮水或饲料中。

七、沙门氏菌病

1. 定义 沙门氏菌病又名副伤寒，是由沙门氏菌属细菌引起的疾病的总称。

2. 病原 沙门氏菌属是肠杆菌科中的一个重要成员，不产生芽孢，亦无荚膜，大小为（0.7～1.5）μm×（2.0～5.0）μm，间有短丝状体形成。沙门氏菌在普通培养基上生长良好，需氧及兼性厌氧，适宜培养温度为37℃，适宜 pH 为 7.4～7.6。

3. 流行病学　健康牛的带菌现象（特别是鼠伤寒沙门氏菌）相当普遍，病菌可潜藏于消化道、淋巴组织和胆囊内。当外界不良因素使牛的抵抗力降低时，病菌可活化而发生内源性感染。本病一年四季均可发生，成年牛多于夏季放牧时发生。一般呈散发性或地方流行性，成年牛呈散发性，但犊牛往往呈流行性。下列因素可促进本病的发生：环境污秽，潮湿，棚舍拥挤，粪便堆积，通风不良，温度过低或过高，长途运输中气候恶劣，疲劳和饥饿，内寄生虫和病毒感染，分娩，手术，新引进牛未实行隔离检疫等。

4. 临床症状　成年病牛高热（40～41℃），昏迷，食欲废绝，脉搏频数，呼吸困难，体力迅速衰竭。大多于发病后 12～24h，粪便中带有血块，不久即变为腹泻。粪便恶臭，含有纤维素絮片，间有黏膜，腹泻开始后体温降至正常或较正常略高。病牛可于发病后 24h 内死亡，多数则于 1～5d 内死亡。病期延长者可见迅速脱水和消瘦，眼窝下陷，黏膜（尤其是眼结膜）充血和发黄。病牛腹痛剧烈，常用后肢踢腹。多数妊娠母牛发生流产，从流产胎儿中可发现病原，某些病例可能恢复。成年牛有时可取顿挫型经过，发热，食欲消失，精神委顿，产奶量下降，但经过 24h 后这些临床症状即可减退。还有些牛感染后取隐性经过，仅从粪中排菌，但数天后即停止排菌。

如牛群内存在带菌母牛，则犊牛可于出生后 48h 内表现为拒食、卧地、迅速衰竭等临床症状，常于 3～5d 内死亡。多数犊牛常于 10～14 日龄以后发病，病初体温升高（40～41℃），24h 后排出灰黄色的液状粪便，混有黏液和血丝，一般于症状出现后 5～7d 内死亡，病死率可达 50%。有时多数病犊可以恢复。

5. 病理变化　成年牛的病理变化主要呈急性出血性肠炎，肠黏膜潮红，常有出血点，大肠黏膜脱落，有局限性坏死区。腺胃黏膜也可能表现炎性潮红。肠系膜淋巴结呈不同程度的水肿、出血。肝脂肪变性或灶性坏死。胆囊壁有时增厚，胆汁浑浊，呈黄褐色。病程长的病例可有肺炎区。脾脏常充血、肿大。急性患病犊牛在心壁、腹膜、腺胃、小肠和膀胱黏膜有小的点状出血；脾脏充血、肿胀；肠系膜淋巴结水肿，有时出血。病程较长的患病犊牛，肝脏色泽变淡，胆汁常变稠而浑浊；肺脏常有肺炎区；肝脏、脾脏和肾脏有时发现坏死灶；关节受损害时，腱鞘和关节腔含有胶样液体。

6. 诊断　根据流行病学、临床症状和病理变化，只能做出初步诊断，确诊需做沙门氏菌的分离和鉴定。PCR、单克隆抗体技术和 ELISA 已用来对本病进行快速诊断。

7. 预防　预防本病应加强饲养管理，消除发病诱因，保持饲料和饮水的清洁、卫生。目前国内已研制出牛的副伤寒疫苗，必要时可选择使用。根据不少地方的经验，用自本场（群）或当地分离的菌株，制成单价灭活疫苗，常能收到良好的预防效果。

8. 治疗　本病发生时，可根据药敏试验选用有效的抗生素，并辅以对症治疗。

第二节　寄生虫病的防治

一、球虫病

牛球虫病是由寄生于牛的多种球虫引起的一种以出血性肠炎为特征的急性或慢性肠道原虫病。本病呈世界性分布，主要发生于犊牛，对养牛产业的危害较大。

1. 病原　全世界曾报道的牛球虫有 19 种，较为公认的有 15 种，在我国已发现 16 种。其中，以邱氏艾美耳球虫和牛艾美耳球虫的致病力最强，是引起牛球虫病的主要病原种类。

（1）邱氏艾美耳球虫　卵囊呈短的椭圆形或亚球形，无色，大小为（12.25～20.00）μm×（17.78～19.11）μm，平均大小为16.05μm×14.21μm。无微孔、极粒及外残体，但有斯氏体及内残体。孢子化时间为3d。寄生于牛的小肠、结肠、盲肠和直肠。

（2）牛艾美耳球虫 卵囊呈圆形，淡黄褐色，大小为（15.19～20.58）μm×（21.07～34.30）μm，平均大小为19.24μm×25.59μm。有微孔，无外残体和极粒，有内残体和斯氏体。孢子化时间为3d。寄生于牛的小肠至直肠。

2. 生活史 各种牛球虫在牛的肠上皮细胞内进行裂殖生殖和配子生殖，在外界环境中进行孢子生殖。

3. 流行病学 本病多发生在温暖、潮湿的季节，各品种的牛都有易感性，2岁以内的犊牛发病率高，死亡率亦高，成年牛多为带虫者。本病主要侵害放牧牛，尤其是放牧于低凹潮湿的牧场时最易发病，但舍饲牛亦发病。饲料、垫草和母牛乳房被粪便污染时，常引起犊牛感染与发病。在由舍饲转为放牧、由放牧转为舍饲、饲料突然变换、患某种传染病使机体抵抗力下降时，容易诱发本病。

4. 致病作用 牛球虫主要寄生于荷斯坦公牛小肠下段和整个大肠的部分上皮细胞内，在裂殖生殖阶段破坏大量的肠上皮细胞。细菌产生的毒素和肠道中的其他有毒物质被吸收后，引起全身性中毒，导致中枢神经和各个器官的机能失调。

5. 临床症状 本病潜伏期为2～3周，发病多为急性型，病期通常为10～15d，有时也有荷斯坦公犊发病后1～2d内死亡的报道。初期病牛精神沉郁，被毛松乱，体温正常或略高，排带有血液的稀粪，泌乳牛产乳量减少。约1周后，病牛精神更加沉郁，身体消瘦，喜躺卧，体温升至40～41℃，瘤胃蠕动和反刍停止。肠蠕动增强，排混有纤维性薄膜、恶臭、带血液的稀粪，后肢及尾部被稀粪污染，排粪时里急后重。患病后期，粪便呈黑色，几乎全为血液，病牛体温下降，在极度贫血和衰弱的情况下死亡。慢性型的病牛一般在发病后3～5d逐渐好转，但腹泻和贫血症状仍持续存在，病程可能持续数月，也有因高度贫血和消瘦而发生死亡者。急性期耐过后可转为慢性，临床症状消失，但病牛往往生长不良，日增重缓慢甚至下降。

6. 诊断　粪检中发现大量致病性的球虫卵囊或在肠黏膜刮取物中检查到各发育阶段虫体，即可确诊。临床上以血便、粪便恶臭、剖检时见直肠有特殊的出血性炎症和溃疡最具有诊断意义。诊断时应注意与大肠杆菌病、副结核病及由犊牛弓蛔虫病等引起的腹泻相鉴别。

7. 治疗

（1）磺胺二甲嘧啶钠　按每千克体重 100mg 静脉注射 1 次，以后改为每天肌内注射 1 次，5 次为一个疗程。

（2）磺胺脒　按每千克体重 100mg，加二甲氧苄啶，然后按每千克体重 20mg 内服，3 次/d，首次量加倍，7d 为一个疗程。

（3）氨丙啉　按每千克体重 20～25mg，1 次/d，4～5d 为一个疗程。

（4）莫能菌素或盐霉素　按每千克饲料中添加 20～30mg 饲喂，还应结合使用止泻、强心和补液等对症疗法。

8. 预防　应采取隔离、添加药物预防等综合措施，主要有：①荷斯坦公牛舍及运动场等，要保持干燥清洁，每天清扫，及时清除粪便和垫草等污物并进行无害化处理。②保持饲草和饮水卫生，防止被牛粪污染。③经常擦洗哺乳母牛的乳房。④成年牛与犊牛分开饲养。⑤更换饲料种类或变换饲养方式时，要逐步过渡。⑥在温暖、潮湿的季节或发病频繁的牛场，可在犊牛饲料中添加氨丙啉、莫能菌素、尼卡巴嗪等抗球虫药物进行预防。

二、消化道线虫病

（一）弓首蛔虫病

犊牛弓首蛔虫病是由弓首科、弓首属的弓首蛔虫寄生于小肠内引起的一种线虫病。

1. 病原 虫体粗大，为淡黄色，角皮薄软且较透明。头端有 3 片唇，食管呈圆柱形，后端有一个小胃与肠管相接。雄虫长 11～26cm，尾端呈圆锥形突起，弯向腹面，有 1 对交合刺。雌虫较雄虫大，长 15～30cm，生殖孔开口于虫体前约 1/7 处，尾直。虫卵近乎球形，大小为（70～80）μm×（60～66）μm，壳较厚，外层呈蜂窝状。新鲜虫卵为淡黄色，内含单一的卵细胞。

2. 生活史 弓首蛔虫的生活史比较特殊，其发育需要两个宿主，即成虫寄生在 6 月龄以下的犊牛体内，幼虫寄生在成年母牛体内。寄生在犊牛小肠内的雌、雄成虫交配后，雌虫所产虫卵随粪便排出体外。在适宜的温度（27℃）和湿度条件下，经 20～30d 发育为含有第 2 期幼虫的感染性虫卵。感染性虫卵被母牛摄食后，在小肠内孵化出第 2 期幼虫；幼虫穿过肠壁移行至肝脏、肺脏、肾脏等器官，在这些器官发生第 2 次蜕皮，变为第 3 期幼虫并仍寄居于这些器官中。当母牛妊娠 8.5 个月左右时，幼虫即移行至子宫，进入胎盘羊水中并在此进行第 3 次蜕皮，变为第 4 期幼虫，并被胎牛吞入体内。犊牛出生后，幼虫在犊牛小肠内进行第 4 次蜕皮并经 25～31d 发育为成虫。

另外，在母牛体内移行的一部分幼虫经循环系统到达乳腺，犊牛因吸吮母乳而感染。幼虫在小肠内发育为成虫，成虫在小肠中可生存 2～5 个月。在成年牛，只发现在内部组织器官中寄生有移行幼虫，尚未发现成虫寄生。

3. 流行病学

（1）感染年龄与感染季节 本病主要发生于 6 月龄以下的犊牛，以 1～2 月龄的犊牛受害最为严重，7 月龄以上则很少发生。感染率与饲养管理水平和季节有一定的关系，饲养管理条件越差、饲料单一，犊牛的感染率越高。在每年 2—5 月出生的犊牛及在阴雨连绵的季节，该病的感染率及由其造成的发病率和死亡率均较高。

（2）传染源与传播途径　在母牛组织器官中的幼虫，可通过胎盘和乳汁传染给犊牛。而从犊牛体内排出的虫卵污染饲料和饮水，母牛经口食入后发生感染，因此患病和带虫犊牛是母牛的传染源。虫卵对药物的抵抗力较强，在2‰福尔马林溶液中仍能正常发育，在2‰来苏儿水中可存活20h，但对阳光的直接照射或高温敏感。

4. 致病作用　本病的致病作用主要表现在幼虫移行时导致肠壁、肝脏、肺脏等组织损伤，机械性刺激能引起肠黏膜出血、溃疡、肠炎等。有大量虫体寄生时可引起机械阻塞，从而造成犊牛消化障碍。由虫体代谢产生的毒素被犊牛吸收后，也会引起严重危害，如出现过敏症状、阵发性痉挛等。

5. 临床症状　轻度感染时症状不明显。中度或严重感染时，犊牛精神沉郁，食欲不佳，腹泻，初排黄白色干粪，后排腥臭并带有黏液的黄白色稀粪，严重者出现血痢，粪便呈黏性，呼出的气体带有刺鼻的酸味，最后因衰竭而死亡。

6. 诊断　临床上若犊牛出现腹泻，有时粪便混有特殊恶臭的血液，以及软弱无力、被毛粗乱等症状，结合流行病学资料可进行初步诊断，但确诊需采用饱和盐水漂浮法在粪便中检出虫卵或进行尸体剖检时在小肠发现大量虫体及相应的病理变化。此外，还可口服或注射驱虫药物进行驱虫性诊断。

7. 治疗

（1）左旋咪唑　按每千克体重8～10mg，1次口服或肌内注射。

（2）阿苯达唑　按每千克体重10～20mg，1次口服。

（3）伊维菌素　按每千克体重0.3mg，1次口服或皮下注射。

（4）枸橼酸哌嗪　按每千克体重200～250mg，1次口服。

8. 预防　加强环境卫生管理，对垫草和粪便进行堆积发酵。隔离饲养荷斯坦公犊和母牛。定期进行预防性驱虫，每年春、秋两季各驱虫 1 次，母牛产前 2 个月使用驱虫药物进行驱虫。

（二）牛捻转血矛线虫病

1. 病原 牛捻转血矛线虫主要寄生于皱胃，虫体因吸血而呈淡红色。虫体头端尖细，口囊小，内有一个位于背侧的矛状小齿，颈乳突显著，呈锥形，伸向后侧方。雄虫长 15～19mm，交合伞有由细长的肋支持着的长的侧叶和偏于左侧的一个由倒 Y 形背肋支持着的小背叶，交合刺两根，近末端各有一个小的倒钩。雌虫长 27～30mm，因白色的生殖器官环绕于红色含血的消化道周围，形成了红白线条相间的麻花状外观，故称捻转血矛线虫。阴门位于虫体的后半部，有 1 个显著的瓣状阴门盖。虫卵呈长的椭圆形，大小为 （75～95） μm×（40～50） μm。

2. 生活史 雌虫产出的桑葚期卵随牛的粪便排入外界，1 周左右发育为带鞘的第 3 期感染性幼虫；然后经口感染宿主，到达皱胃后钻入黏膜发育蜕皮 1 次；再返回胃腔经最后 1 次蜕皮逐渐发育为成虫。从感染至成熟约需 20d。

3. 流行病学 雌虫经过 25～35d 的发育，进入产卵高峰，1 条雌虫每天可产虫卵 5 000 枚，捻转血矛线虫成虫寿命大约为 1 年。虫卵在北方地区不能越冬。第 3 期幼虫的抵抗力强，在一般草场上可存活 3 个月，在不良环境中休眠可达 1 年；该期幼虫有向植物茎叶爬行的习性及对弱光的趋向性，温暖时活动加强。感染性幼虫在外界的活动状况与宿主的感染有密切关系。在适宜的温度和充足的湿度及微弱的阳光下，幼虫会爬到草叶上，在干燥和有阳光的条件下，幼虫会回到土壤里。幼虫迁移活动最频繁的时间是早晨和傍晚，因为此时湿度最大，而光照也不强烈。

4. 致病作用 捻转血矛线虫致病的主要特征是引起贫血。导致贫血的主要机理包括两个方面：一是第 4 期幼虫和成虫均吸血；二是虫体移动叮咬处引起胃黏膜出血。捻转血矛线虫的矛状刺可刺破胃黏膜，且分泌抗凝血酶，吸血并夺取营养。2 000 条虫体每天可吸血 30mL，同时分泌的毒素能干扰造血，因而导致宿主贫血，重度感染则导致严重贫血。大量寄生可使胃黏膜广泛损伤，发生溃疡。虫体分泌的毒素还能抑制宿主神经系统的活动，并使宿主消化吸收机能紊乱。死后剖检可见黏膜和皮肤苍白，血液呈稀薄的水样。内部脏器苍白，胸腔、心包积水，胃黏膜水肿，有小的创伤及溃疡，小肠和盲肠黏膜有卡他性炎症。

5. 临床症状 患病荷斯坦公牛主要表现为贫血，血红蛋白降低，眼睑黏膜苍白，下颌水肿。急性型表现为高度贫血，可视黏膜苍白；短期内能引起牛的大批死亡；亚急性型表现为黏膜苍白，下颌间、下腹部及四肢水肿，腹泻与便秘相交替，衰弱消瘦；慢性型病程长，发育不良，渐进性消瘦。患病牛往往因为体力衰竭而虚脱致死。

6. 诊断 荷斯坦公牛生前诊断可采用饱和食盐水漂浮法检查虫卵，但虫卵的特征性不强，进一步鉴别需作幼虫培养，对第 3 期幼虫进行鉴定。利用核糖体 DNA 第二转录间隔区（ITS-2）可以进行捻转血矛线虫卵的分子鉴定，利用实时定量 PCR 技术可以定量检测粪便中捻转血矛线虫卵的数量。死后诊断可剖解尸体查找虫体而确诊。

7. 治疗

（1）左旋咪唑 按每千克体重 6～8mg，1 次口服或注射，休药期不得少于 3d。

（2）阿苯达唑 按每千克体重 10～15mg，1 次口服。

（3）甲苯达唑 按每千克体重 10～15mg，1 次口服。

（4）芬苯达唑 按每千克体重 10～20mg，1 次口服。

（5）伊维菌素 按每千克体重 0.2～0.3mg，1 次口服或皮下注射，休药期为 28d。

（6）多拉菌素 按每千克体重 0.3mg，1 次肌内注射。

（7）莫西菌素 按每千克体重 0.2mg，1 次口服或皮下注射。

（8）埃普利诺菌素 按每千克体重 0.2mg，1 次皮下注射。本品药效期可长达 42d。在荷斯坦母牛上使用时，本品在牛奶中的残留量低于 FAO 规定的最大残留量，因此不需休药期。

（9）氯氰碘柳胺 按每千克体重 5mg，1 次皮下注射。

8. 预防

（1）加强饲养管理，提高营养水平，尤其是在冬、春季应合理补充精饲料和矿物质，提高荷斯坦公牛的抵抗力，注意饲料、饮水的清洁卫生。

（2）计划性驱虫，传统的方法是在春、秋季各进行 1 次。但在北方牧区，每年的春节前后驱虫 1 次，可以有效防止"春季高潮"（成虫高潮）的到来，避免"春乏"造成牛的大批死亡。

（3）在疾病流行季节，通过粪便检查牛群的荷虫情况。同时，对驱虫后的粪便进行集中管理。

（4）有条件的地方，可以实行划地轮牧。

（5）利用 X 线或紫外线等将幼虫致弱后接种牛进行免疫预防，在国外已获成功。

（三）牛食道口线虫病

1. 病原 食道口属线虫的口囊呈小而浅的圆筒形，外周为 1 个显著的口领，口孔周围有 1～2 圈叶冠；颈沟位于腹面，颈乳突位于食管部或稍后的两侧，有或无头泡及侧翼膜。雄虫交合伞较发达，有 1 对等长的交合刺。雌虫阴门位于肛门前方的不远处，排卵器发达，呈肾形。

（1）哥伦比亚食道口线虫 有发达的侧翼膜，身体前部弯曲；头泡不甚膨大；颈乳突在颈沟的稍后方，尖端突出于侧翼膜之外。雄虫长 12.0～13.5mm，交合伞发达；雌虫长 16.7～18.6mm，阴道短，横行引入肾形的排卵器，尾部长。虫卵呈椭圆形，大小为 $(73\sim89)~\mu m \times (34\sim45)~\mu m$。

（2）微管食道口线虫 无侧翼膜，前部直；口囊较宽而浅；颈乳突位于食管后面；雄虫长 12～14mm，雌虫长 16～20mm。

（3）粗纹食道口线虫　无侧翼膜，口囊较深，头泡显著膨大；颈乳突位于食管后方；雄虫长 13～15mm，雌虫长 17.3～20.3mm。

（4）辐射食道口线虫　侧翼膜发达，前部弯曲；缺外叶冠，内叶冠也只是口囊前缘的一小圈细小的突起，为 38～40 叶；头泡膨大，上有 1 个横沟，将头泡区分为前后两部分；颈乳突位于颈沟的后方；雄虫长 13.9～15.2mm，雌虫长 14.7～18.0mm。

（5）甘肃食道口线虫　有发达的侧翼膜，前部弯曲；头泡膨大；颈乳突位于食管末端或前或后的侧翼膜内，尖端稍突出于膜外；雄虫长 14.5～16.5mm，雌虫长 18～22mm。

2. 生活史　虫卵随粪便排出体外，在外界适宜的条件下，经 10～17h 孵出第 1 期幼虫；经 7～8d 蜕化 2 次变为第 3 期幼虫，即感染性幼虫。牛摄入被感染性幼虫污染的青草和饮水后而感染。感染后 36h，大部分幼虫已钻入小肠结肠和大肠结肠固有层的深处，导致肠壁形成卵圆形结节，幼虫在结节内进行第 3 次蜕化成为第 4 期幼虫。幼虫在结节内停留的时间，常因牛的年龄和抵抗力（免疫力）而不同，短的有 6～8d，长的有 1～3 个月或更长，甚至不能完成其发育。幼虫从结节内返回肠腔后，经第 4 次蜕化发育为第 5 期幼虫，进而发育为成虫。哥伦比亚食道口线虫和辐射食道口线虫的幼虫可在肠壁上形成结节。

3. 流行病学　虫卵在相对湿度 48%～50%、平均温度为 11～12℃时，可生存 60d 以上；在低于 9℃ 时不能发育。第 1、2 期幼虫对干燥敏感，极易死亡；第 3 期幼虫有鞘，抵抗力较强，在适宜条件下可存活几个月，但在冰冻条件下可较快死亡；温度在 35℃以上时，所有的幼虫会迅速死亡。感染性幼虫适宜于潮湿的环境，尤其是在有露水或小雨时便爬到青草上。因此，牛的感染主要发生在春、秋季，且主要是犊牛易感。

4. 致病作用　食道口线虫的幼虫危害较大，其钻入肠壁可引起炎症。能导致局部形成结节，结节在肠的浆膜面破溃时可引发腹膜炎，有时可发生坏死性病变。在新形成的小结节中，常可发现幼虫；有时可发现结节钙化，使病牛的消化吸收能力受到影响。结节主要是在成年荷斯坦牛多次感染后形成，幼龄犊牛初次感染一般很少形成。食道口线虫的成虫寄生于肠道，分泌毒素，可加重结节性肠炎的发生。

5. 临床症状　临床症状的有无及严重程度与感染虫体的数量和牛的抵抗力有关。重度感染可使荷斯坦公犊发生持续性腹泻，粪便呈暗绿色，含有大量黏液，有时带血，严重时引起死亡。慢性感染时表现为便秘和腹泻交替发生，渐进性消瘦，下颌水肿，最后可因机体衰竭而死亡。

6. 诊断　根据临床症状，进行生前粪便检查，可检出大量虫卵，鉴别则需进行幼虫培养。结合剖检在肠壁发现大量结节，在肠腔内找到虫体，即可确诊。

7. 治疗　可参考牛捻转血矛线虫病的治疗。同时，对重症患荷斯坦公牛应进行对症治疗。

8. 预防　定期驱虫，加强牛的营养，及时清理粪便，保持饲草和饮水卫生，改善牧场环境。

（四）牛仰口线虫病

1. 病原　牛仰口线虫的特点是头部向背侧弯曲（仰口）。口囊大，呈漏斗状，口孔腹缘有 1 对半月形切板，口囊内有背齿 1 个，亚腹齿若干，随种类不同而数量不同。雄虫交合伞的外背肋不对称。雌虫的阴门在虫体中部之前。

牛仰口线虫口囊底部腹侧有 2 对亚腹侧齿，雄虫的交合刺长 $3.5\sim4.0$mm。雄虫长 $10\sim18$mm，雌虫长 $24\sim28$mm。虫卵两端钝圆，大小为 $106\mu m\times46\mu m$，卵内胚细胞呈暗黑色。在我国南方的牛尚有莱氏旷口线虫，头端稍向背面弯曲。口囊浅，口缘有 4 对大齿，食管前端扩大成漏斗状。雄虫长 $9.2\sim11.0$mm，雌虫长

$13.5\sim15.5mm$，虫卵大小为（$125\sim195$）$\mu m\times$（$60\sim92$）μm。

2. 生活史　虫卵随粪便排出体外，在适宜的温度和湿度条件下，经 $4\sim8d$ 形成第 1 期幼虫。幼虫从卵内逸出，经 2 次蜕化，变为感染性幼虫。感染性幼虫可经两种途径进入牛体内：一是随污染的饲草、饮水等经口感染，在小肠内直接发育为成虫，此过程约需 25d。二是经皮肤钻入感染，进入血液循环，随血流到达肺脏，再由肺毛细血管进入肺泡，在此进行第 3 次蜕化发育为第 4 期幼虫，幼虫上行到支气管、气管、咽、口腔，再返回小肠，进行第 4 次蜕化，发育为第 5 期幼虫，逐渐发育为成虫，此过程需 $50\sim60d$。经皮肤感染时，可以有 85％的幼虫得到发育；而经口感染时，只有 $12\%\sim14\%$ 的幼虫得到发育。

3. 流行病学　仰口线虫病分布于全国各地。荷斯坦公牛一般是秋季感染，春季发病。虫卵和幼虫在外界环境中的发育与温度和湿度有密切关系，最适宜的条件是潮湿的环境和 $14\sim31℃$ 的温度。温度低于 $8℃$，幼虫不能发育；温度为 $35\sim38℃$ 时，仅能发育成第 1 期幼虫。感染性幼虫在夏季牧场上可以存活 $2\sim3$ 个月；在春、秋季节的存活时间较长；严寒的冬季气候对幼虫有杀灭作用。荷斯坦公牛对仰口线虫可产生一定的免疫力，产生免疫后粪便中的虫卵数减少，即使放牧于严重污染的牧场，虫卵数亦不增加。

4. 致病作用　虫体不同发育期对宿主的致病作用不同。幼虫侵入皮肤时引起发痒和皮炎。移行到肺脏时引起肺出血。寄生在小肠时危害最大，成虫以其强大的口囊吸附在小肠壁上，用切板和齿刺破肠黏膜，大量吸血，每 100 条虫体每天可吸血 8mL，失去 $4\mu g$ 铁。且吸血过程中频繁移位，同时分泌抗凝血酶，造成肠黏膜多处持续出血。此外，虫体分泌的毒素，可以抑制红细胞的生成，导致宿主贫血。

5. 临床症状　临床上可见患病荷斯坦公牛出现进行性贫血，

严重消瘦，下颌水肿，顽固性腹泻，粪便带血。幼犊发育受阻，有时出现神经症状，如后躯无力或麻痹，最后陷入恶病质而死亡。体内有1 000条虫体时即可引起牛死亡。

6. 诊断　根据临床症状进行粪便检查，可发现大量虫卵。剖检时，在十二指肠和空肠找到大量虫体和相应的病理变化即可确诊。

7. 治疗　结合对症支持疗法，可以选用左旋咪唑、阿苯达唑、甲苯达唑、噻苯达唑、伊维菌素、多拉菌素等药物进行驱虫，具体剂量和用法可参考牛捻转血矛线虫病。

8. 预防　定期驱虫，保持牛舍清洁、干燥，严防粪便污染饲料和饮水，避免牛在低洼的潮湿地带放牧，注意牧场排水等。

（五）牛夏伯特线虫病

1. 病原　虫体呈淡黄绿色，粗硬如火柴杆状，头端向腹侧弯曲，口孔周围有2圈小叶冠，有或无颈沟。口囊大，呈半球形斜截状，内无齿，有背沟。雄虫有交合伞，2根交合刺等长；雌虫尾端尖小，阴门距肛门近，排卵器为肾形。

2. 生活史　生活史类似于血矛线虫。从感染宿主到成熟需30～50d。成虫寿命在9个月左右，虫卵和感染性幼虫在低温（－12～－3℃）下可长期生存。

3. 致病作用　主要是因为成虫口囊大，严重损伤肠黏膜，造成溃疡出血。同时虫体还能分泌毒素，对牛有一定的毒害作用。

4. 临床症状　荷斯坦公牛主要出现贫血、腹泻、消瘦、发育受阻等。

5. 诊断　参考牛捻转血矛线虫病。

6. 防治　参考牛捻转血矛线虫病。

（六）牛毛首线虫病

1. 病原　毛首属线虫的基本形态特点：虫体呈乳白色，长20～80mm，外观形如鞭状。前部细长，为食管部，约占整个虫体长的

2/3，内含由一串串单细胞围绕着的食管；后部粗短，为体部，内有生殖器官和肠管。雄虫尾部卷曲，泄殖孔位于体末端，无交合伞，有交合刺1根，包藏在有刺的交合刺鞘内，刺及刺鞘均可伸缩于体内外。雌虫尾部较直，阴门位于粗细交界处，肛门位于体末端。虫卵为棕黄色，腰鼓形，卵壳较厚，两端有卵塞。

2. 生活史　成虫产出单细胞期虫卵，虫卵随粪便排到外界后，在适宜的温度和湿度条件下，经3~4周发育为含第1期幼虫的感染性虫卵，经口感染牛。毛首线虫第1期幼虫在牛小肠后部孵出后，钻入肠绒毛间发育；8d后移行到盲肠和结肠内，固着于肠黏膜上。

3. 流行病学　从幼虫感染到发育成熟需30~80d，成虫寿命为4~5个月。主要危害幼龄牛。一般夏季易于感染，秋、冬季出现临床症状。在卫生条件较差的圈舍内，一年四季均可感染。由于卵壳厚，故虫卵的抵抗力强，可在土壤中存活5年。

4. 致病作用　致病作用包括机械性损伤（虫体前部刺入肠黏膜）和毒素作用。重度感染时，虫体可达数千条，盲肠和结肠黏膜出血、水肿、溃疡和坏死，有时在肠黏膜上形成结节，内有部分虫体和虫卵。

5. 临床症状　临床表现为腹泻、贫血、消瘦，幼龄犊牛发育受阻。轻度感染时，病牛出现间歇性腹泻、贫血；严重感染时，病牛精神不振，食欲减退、消瘦，不愿走动，剧烈腹泻，排出大量灰白色似水泥样糊状稀粪，腥臭，甚至引起牛死亡。

6. 诊断　生前诊断可采集牛新鲜粪样，用漂浮法查到特征性虫卵或解剖死亡牛时发现大量虫体和相应病变可确诊。

7. 治疗　毛首线虫是一类较难驱除的线虫，大多数药物的驱虫效果均不理想。可试用以下药物，必要时可重复投药2~3次：

（1）多拉菌素　按每千克体重0.3mg，1次肌内注射。

（2）甲苯达唑　按每千克体重10~20mg，1次喂服，1次/d，连喂 3d。

（3）伊维菌素 按每千克体重 0.2～0.3mg，1 次喂服或皮下注射。

8. 预防 定期驱虫，加强营养，及时清理粪便，保持饲草和饮水卫生，改善圈舍和运动场环境等。

三、片形吸虫病

肝片吸虫呈背腹扁平的叶片状，大小为（20～30）mm×（5～13）mm。鲜活的虫体呈棕红色，固定保存的虫体则变为灰白色。表皮覆有细棘。虫体前部宽于后部，前端呈圆锥状突出，称为头锥。头锥的基部扩展为肩，向后逐渐缩小。口吸盘端位，底部为口孔。口孔经咽通向食管和肠管，肠管分为两支，终于盲端，每个肠支又分出无数个分支。腹吸盘位于虫体腹面，肩的水平线下面。两个睾丸呈树枝状分支，前后排列于虫体的中后部。每个睾丸发出一条输出管，汇总于输精管而进入雄茎囊，其内有储精囊、前列腺和雄茎。生殖孔开口于腹吸盘之前。有 1 个卵巢，呈鹿角状分支，位于睾丸的右上方。子宫位于卵模与腹吸盘之间，孕卵子宫呈褐色的菊花状。卵黄腺发达，满布于虫体两侧和睾丸之后；左右两侧的卵黄管汇合为卵黄总管，横于虫体前 1/3 与中 1/3 的交界处，在其中央形成卵黄囊，再与卵模相通。虫卵呈长的卵圆形，淡黄褐色，卵壳较薄而透明，一端有盖，卵内充满卵黄细胞和一个胚细胞，虫卵大小为（100～158）μm×（70～90）μm。

1. 生活史 虫体的生活史包括虫卵、毛蚴、胞蚴、雷蚴、尾蚴、囊蚴、童虫及成虫等阶段，发育需要中间宿主——椎实螺科的淡水螺。成虫在终末宿主的肝胆管内产出的虫卵随胆汁进入肠道，再和粪便一起排出体外。在适宜的温度（15～30℃）和有充足的氧、水分情况下，经过 10～25d 毛蚴发育成熟；当 pH 为 5.0～7.7，并有光线刺激时，毛蚴迅速从卵内孵出。

牛因食入含囊蚴的饲草和饮水而受到感染。囊蚴在牛的十二指肠内脱囊而出，逸出的幼虫经 3 种途径进入定居部位（肝胆管）：一部分幼虫穿过肠壁，进入腹腔，经肝包膜进入肝脏，移行到达肝胆管并在其内发育为成虫；另一部分幼虫穿入肠黏膜，进入肠系膜静脉，经门静脉随血流而到达肝脏，并穿过血管壁进入肝实质，6周后进入肝胆管内。此外，幼虫还可经胆总管而进入肝脏胆管。进入体内的幼虫需要经 10～12 周才能发育为成虫。寄生在牛肝脏内的成虫可生存 3～5 年，但大多数虫体经过 9～12 个月后离开肝脏，随粪便排出。

2. 流行病学

（1）分布　片形吸虫病是我国分布最广泛、对草食动物危害最严重的寄生虫病之一，在农区、牧区、半农半牧区，放牧或舍饲的牛均可感染与发病。

（2）传染源　患病牛和带虫牛向外界不断地排出大量虫卵，污染环境，成为本病的传染源。即使有少数片形吸虫病的患牛，也具有严重的危险性。

（3）感染途径　牛因食入含囊蚴的饲草和饮水而经口感染，囊蚴在 22～31℃的水中 80d 仍具有感染力，青贮饲料中的囊蚴经 54～60d 后才丧失感染力。

（4）中间宿主　椎实螺种类多，分布广，在春末、夏季、秋季气候温暖及雨量充沛时大量繁殖，造成本病的大量流行。

（5）流行季节　本病在夏、秋季多发，特别是暴雨之后，大量尾蚴逸出，在草叶上形成囊蚴。在南方本病没有明显的季节性，牛常年均能感染，但以春、夏两季最为严重。在多雨季节，往往没有水洼和沼泽地区的牛也可大批被感染，特别是长时期把牛留在潮湿的同一地段放牧时，容易出现虫体的高度感染。被感染的牛在同一地段上放牧，并随粪便排出虫卵，严重污染牧地。

3. 致病作用　急性变化包括肠壁和肝组织的严重损伤、出血、肿大。幼虫在体内移行时，造成"虫道"，引起移行路线上各组织器官的严重损伤和出血，尤以肝脏受损严重，造成急性肝炎，黏膜苍白，血液稀薄，血中嗜酸性细胞数量显著升高。慢性感染时，能引起慢性胆管炎、慢性肝炎和贫血。早期肝脏肿大，以后逐渐萎缩硬化，胆管如绳索一样增粗，常凸于肝脏表面，胆管壁发炎、粗糙，常在粗大、变硬的胆管内发现磷酸盐（钙、镁）等的沉积。虫体的毒素具有溶血作用，毒素侵害血管时，管壁的通透性增高，从而发生稀血症和水肿。

4. 临床症状 片形吸虫病的临床症状取决于虫体数量、毒素作用的强弱及感染牛的健康状况。一般来说，体内寄生250条成虫时荷斯坦公牛就会表现出明显的临床症状，犊牛即使轻度感染也可表现出症状。

5. 诊断 诊断本病要根据临床症状、流行病学、粪便检查及剖检病死牛等进行综合判定。

（1）粪便检查 多采用循序沉淀法来检查虫卵。肝片吸虫的虫卵较大，易于识别。急性病例，可在腹腔和肝实质等处发现童虫，慢性病例可在胆管内检查出大量成虫。

（2）免疫诊断 ELISA、IHA、胶体金技术等均有使用，不仅能诊断急性、慢性片形吸虫病，而且还能诊断轻微感染的患牛，可用于牛群片形吸虫病的普查。

（3）血清酶含量检测 也可用作为诊断该病的一个指标。急性感染时，童虫损伤实质细胞，使谷氨酸脱氢酶含量升高；慢性感染时，成虫损伤胆管上皮细胞，使γ-谷氨酰转肽酶含量升高，持续时间可长达9个月之久。

6. 治疗

（1）硝碘氰酚 对成虫和童虫均有很强的驱杀作用。常用混悬液或丸剂，按每千克体重30mg，经口投药；也可按每千克体重10mg，皮下注射。但本药在牛体内的残留时间较长。

（2）三氯苯达唑　对成虫和童虫均有高效驱杀作用。按每千克体重 10mg，经口投药。

（3）氯氰碘柳胺　对成虫和童虫都有效。按每千克体重 5mg，一次经口投药或皮下注射，药物残留期 28d。本品有广谱驱虫作用。

（4）溴酚磷　对成虫和童虫均有良好的驱杀效果，可用于治疗急性病例。按每千克体重 12mg，一次口服。

（5）硝氯酚　驱除成虫有高效。按每千克体重 3～4mg，经口投药。

（6）阿苯达唑　为广谱驱虫药，按每千克体重 10～15mg，经口投药。但本药有一定的致畸作用，对妊娠母牛慎用。

7. 预防

（1）预防性驱虫　驱虫时间和次数可根据流行区的具体情况而定。针对急性病例，可在夏、秋两季选用肝蛭净等驱除童虫。针对慢性病例，北方全年可进行两次驱虫，第一次在冬末初春，由舍饲转为放牧之前进行；第二次在秋末冬初，由放牧转为舍饲之前进行。南方终年放牧，每年可进行 3 次驱虫。

（2）杀灭中间宿主　为了防止荷斯坦公牛遭受肝片吸虫的侵袭，必须杀灭牧场区域内的中间宿主——椎实螺，下列几种方法可以结合应用：

①改良土壤。可以结合农田水利建设，改造沼泽地变为干燥地，使螺无法生存。

②化学灭螺。可以用硫酸铜处理湿度不太大的沼泽，用 1∶5 000 的溶液大量灌溉（每立方米至少用 5L），以起到杀灭效果。露天积水池及泥沼内用新鲜的石灰水灭螺也很有效，螺在 pH 为 10 或更高时死亡。每公顷用 1 000～1 500kg 的石灰水，并保持 pH 昼夜内不低于 10，即可完全灭螺。

③利用天敌灭螺。养殖鸭等水禽，消灭螺类。

（3）保护易感牛　目的是防止囊蚴感染。

①选择放牧地。为了防止感染，应把荷斯坦公牛放牧于无肝片吸虫感染的干燥地方，感染季节不宜在沼泽地、低洼的牧地和水边放牧。

②轮牧。牧区有条件的地方，实行有计划地轮牧。

③注意饮水卫生。禁止荷斯坦公牛在有螺的泥沼、水池、水洼及小溪内饮水，设立饮水处，饮水处设立栏杆。

④注意饲草卫生。囊蚴常附着于植物根部附近，因此，收割沼泽地区的牧草时应较一般地区留茬高一些；怀疑被囊蚴感染的草收获后应晒干，贮存 6 个月以后再用。

四、牛血吸虫病

1. 病原　血吸虫成虫雌雄异体，通常以雌雄合抱的状态存在。呈圆柱状，体表具细皮棘。口吸盘和腹吸盘位于虫体前端，腹吸盘较口吸盘大。消化系统由口、食管和肠管组成。口在口吸盘内，下接食管，没有咽，食管被食管腺围绕。食管在腹吸盘前分成两支肠管向后延伸至虫体后端 1/3 处汇合成一个单管，伸达体后端成为盲管。雄虫较粗短，长 12～20mm、宽 0.5～0.55mm，乳白色，口吸盘和腹吸盘均较发达。雌虫较雄虫细长，前细后粗，呈黑褐色，长 20～25mm、宽 0.1～0.3mm，口吸盘和腹吸盘均较雄虫小。肠管因含有虫体消化大量红细胞后的残留物（铁卟啉类）而呈黑褐色或棕褐色。生殖系统由卵巢、卵黄腺、卵模、梅氏腺及子宫等构成。卵巢呈长的椭圆形，位于虫体中部偏后方两侧肠管之间，自卵巢后部发出的输卵管与来自虫体后半部的卵黄腺发出的卵黄管在卵巢前面合并，形成卵模。卵模周围为梅氏腺。卵模前为管状的子宫，其中含卵 50～300 枚。雌性生殖孔开口于腹吸盘后方，无劳氏管。卵黄腺分布在卵巢之后、虫体的后半部，呈较规则的分支状。

虫卵呈椭圆形，淡黄色，大小为（70～100）$\mu m \times$（50～65）μm。卵壳较薄，无卵盖。侧方有一个小逗点状或小钩状的棘突。成熟虫卵的卵内有构造清晰、纤毛颤动的毛蚴。在毛蚴与卵壳间隙中常见大小不等而呈圆形或长圆形的油滴状毛蚴腺体分泌物。

2. 生物学

（1）毛蚴　略呈长的椭圆形，左右对称。毛蚴凭借体表纤毛在水中做直线方向游动，并具有向光性和向上性特点，在水中多存在于光线较充足的上层。毛蚴在 11～25℃可存活 14～26h；若每升水中含氯达 0.7～1.0mg，则毛蚴在 30min 内即可被全部死亡。毛蚴在水中遇到中间宿主（钉螺），在头腺分泌物溶解组织的作用下，借助纤毛的摆动和体形的伸缩，经螺体的触角、头、足、外套膜、外套腔等软组织而主动侵入螺体内，3～15min 内便完成钻入过程。另外，钉螺的分泌物对毛蚴的行为也有引诱作用。

（2）胞蚴　毛蚴侵入螺体后脱去纤毛板和表皮层，在钉螺的头足部先发育为呈袋状的母胞蚴，母胞蚴体内的生殖胚团可进一步形成许多子胞蚴。子胞蚴亦呈袋状，从母胞蚴体中破裂而出。子胞蚴体内的胚团陆续发育，可长时间持续形成尾蚴。尾蚴成熟后，穿破子胞蚴的体壁，利用头器附近的逸出腺，溶解螺体组织，自钉螺体中逸出。一条毛蚴在钉螺体内经无性繁殖后，可产生数万条尾蚴。毛蚴在钉螺体内发育成尾蚴所需的时间与温度密切相关，在 25～30℃时需 2～3 个月尾蚴发育成熟。

（3）尾蚴　为叉尾型尾蚴，由体部和尾部组成，尾部由尾干及尾叉组成。尾蚴大小为（20～300）$\mu m \times$（60～95）μm。尾部在尾蚴自由运动和钻穿人及动物皮肤过程中均起着重要的作用。尾部肌肉的收缩与延伸可使尾干反复做弧形的左右摆动，2 个尾叉如螺旋桨一样起推进作用。尾蚴在水中通常以尾部向前的倒退方式运动，以近水处的水面分布最多。尾蚴的存活时间及其感染力随环境温度、水的性质及尾蚴逸出后时间的长短而异。

3. 流行病学

（1）分布　我国血吸虫病曾在长江流域及长江以南的部分地区流行。根据地理环境、钉螺滋生地及流行病学特点，可将我国血吸虫病流行区可分为以下 3 种类型。

①山丘型或丘陵沟渠型。主要分布于福建、广东、广西、云南、四川。山丘或丘陵区的水起源于山谷，汇成沟渠，钉螺沿水系分布，山丘或丘陵区的血吸虫病流行区常以山谷为界，自成为孤立的条状分布。

②水网型。主要分布于上海、江苏和浙江。在长江下游和钱塘江之间的平原地区，水道纵横，钉螺沿水系分布，血吸虫病呈片状分布。

③湖沼型。主要分布于湖南、湖北、江西、安徽及江苏，如洞庭湖和鄱阳湖湖区。钉螺分布在这些湖区的洲滩、湖沼及湖内的灌溉水系等处，人、畜因生产活动或放牧接触疫水而感染。

（2）传染源与感染途径　患病牛和保虫宿主是本病的主要传染源。在适宜的温度和湿度条件下，牛粪便内的虫卵在数月后仍可孵出毛蚴，这在一些地区是我国血吸虫病最重要的传染源。

（3）中间宿主　日本血吸虫的中间宿主为湖北钉螺。钉螺是水陆两栖性淡水螺类，常生活于河边、沟边、田边及滩地等。在 1 月平均气温低于 0℃，年平均气温低于 14℃ 的地方没有钉螺分布。夏季经阳光暴晒后钉螺很快死亡。雨量对钉螺分布的影响十分明显，有螺区平均年降水量通常大于 800mm，年平均相对湿度大于 75%。钉螺生活的每一阶段与水的关系都很密切，但长期水淹对钉螺的生存繁殖不利，湖沼地区一年中水淹 8 个月以上的地区钉螺难以存活。

（4）感染季节　血吸虫尾蚴逸出的适宜温度为 20～25℃，在云南、广西、广东等一些冬季气温较高的地区，一年四季都会有尾蚴逸出，人和牛均可被感染，春末夏初和秋季是血吸虫病感染的高峰期。

（5）发病特点

①本病分布具有地区性，病人、病牛的分布与当地的水系及钉螺分布一致。

②人、牛、钉螺三者的感染具有相关性。在流行区往往是人和牛同时感染，牛感染率高的地方往往人的血吸虫病也严重。人、牛活动频繁地区，感染钉螺的概率也高。

4. 致病作用 本病发生时，受损最严重的是肝脏和肠。牛的血吸虫成虫寄生于肠系膜静脉，产出的虫卵随血流进入并沉积于肝脏和肠壁等组织。刚产出的未成熟的虫卵能引起局部结缔组织轻度增生，在组织内约经 10d 发育成熟。成熟的虫卵周围出现大量细胞浸润，并逐渐生成虫卵肉芽肿（虫卵结节）。

5. 临床症状 牛感染血吸虫病后出现的症状与牛的种类、年龄、营养状况和免疫力有关。犊牛大量感染时，往往出现急性症状，体温可达 40～41℃，精神不佳，食欲不振，腹泻，严重消瘦，黏膜苍白，粪便夹带血液、黏液，严重贫血，最后衰竭死亡。感染较轻者症状不明显，食欲及精神尚好，但表现消瘦，时有腹泻。感染母牛往往有不妊娠或流产现象。

6. 诊断 根据临床表现和流行病学资料可做出初步诊断，但确诊要靠病原学检查、血清学试验、分子生物学诊断等方法。

（1）病原学检查 有牛直肠黏膜检查、粪便虫卵检查、粪便毛蚴孵化检查和解剖诊断。血吸虫所产虫卵大约有 2/3 沉积在肝脏、肠道等组织中，只有 1/3 随粪便排出，故直接进行粪便虫卵检查或毛蚴孵化检查的检出率都不够高。现在最常用的是粪便毛蚴孵化法，即先把待检粪样经铜筛粗滤去除部分杂质，然后放入 260 目尼龙绢中，经水反复淘洗，将收集到的粪便虫卵放入三角烧瓶或球形长颈烧瓶进行毛蚴孵化、观察。为了更方便、清晰地观察毛蚴，根据毛蚴具有向清性、向上性、向光性和穿透性（能自由伸缩，通过脱脂棉纤维）的生物学特征，现又对粪便毛蚴孵化方法作了进一步改进，建立了粪便棉析毛蚴孵化法和粪便顶管毛蚴孵化法。为提高粪便检查的检出率，通常采用一粪三检或三粪三检的方法。

（2）血清学试验　已建立的检测牛血吸虫特异抗体的方法有环卵沉淀试验、间接红细胞凝集试验、胶乳凝集试验、ELISA、斑点ELISA、三联ELISA（分体吸虫、肝片吸虫和锥虫）等。检测血吸虫血清循环抗原或免疫复合物的有单克隆抗体斑点ELISA。另外，间接红细胞凝集试验已有国家标准《家畜日本血吸虫病诊断技术》（GB/T 18640—2002）可参考使用。

（3）分子生物学诊断　环介导恒温核酸扩增技术即为分子生物学诊断牛血吸虫病的其中一种，该法通过检测荷斯坦公牛外周血中日本分体吸虫特异性DNA片段进行牛分体吸虫感染的早期诊断。

7. 治疗　目前治疗血吸虫病的首选药物是吡喹酮，具有疗效快、疗程短、副反应低等优点。荷斯坦公牛按每千克体重30mg，体重以300kg为限，一次口服。

8. 预防　本病发生时目前尚无可用的疫苗，需采取有效的综合预防措施。

（1）查治病人、病牛，控制传染源，对病人、病牛及时进行药物治疗，减少粪便虫卵对环境的污染，是阻断血吸虫病的有效途径之一。

（2）杀灭中间宿主钉螺，这是控制血吸虫病的重要环节。

（3）加强水、粪管理，避免人、牛接触或饮用含血吸虫尾蚴的水。加强放牧管理。加强粪便管理，杀灭粪便中的虫卵。在50kg粪尿中加入15％氨水0.5～1.0kg，或石灰氮150g，或尿素150g，或过磷酸钙1.5kg，可在1～2d内杀灭虫卵。

（4）加强健康教育、宣传教育，增强民众防治血吸虫病的意识。

五、焦虫病

1. 病原

（1）成蜱　蜱体呈圆形或卵圆形，背腹扁平，体长 2～13mm；头、胸和腹 3 个部分完全愈合在一起，常分为假头和躯体两大部分。吸血后的雌蜱，体长可达 20～30mm，体形变厚且呈双凸状，外观似蚕豆或蓖麻籽。

（2）若蜱　形态与成蜱相似，其区别点为：若蜱有 4 对足，有气门板，但无生殖孔和孔区，盾板只覆盖躯体背面的前部，其上亦无花斑。

（3）幼蜱　形态与成蜱相似，其区别点为：幼蜱仅有 3 对足，无气门板，无生殖孔及孔区，盾板只覆盖躯体背面的前部，其上无花斑。

2. 流行病学　该病是由焦虫在蜱体内繁殖，牛放牧时被蜱叮咬而感染的。此病以散发和地方流行为主，多发生于夏、秋季，以 7—9 月为发病高峰期。有病区当地牛的发病率较低，死亡率约为 40%；由无病区运进有病区的牛发病率较高，死亡率可达 60%～92%。

3. 分类　主要有牛巴贝斯虫病和牛泰勒虫病两种。

（1）牛巴贝斯虫病　该病潜伏期为 9～15d，牛突然发病，体温升高到 40℃以上，呈稽留热。病牛精神萎靡，食欲减退或消失，反刍停止，呼吸和心跳增快，可视黏膜黄染，有点状出血，初期腹泻，后期便秘，尿液呈红色乃至酱油色；红细胞减少，血红蛋白指数下降。急性病例可在 2～6d 内死亡。轻症病例几天后体温下降，恢复较慢。

（2）牛泰勒虫病　该病潜伏期 14～20d，初期病牛体表淋巴结肿、痛，体温升高到 40.5～41.7℃，稽留热，呼吸急促，心跳加快；精神委顿，结膜潮红；中期体表淋巴结显著肿大，为正常的 2～5 倍；反刍停止，先便秘后腹泻，粪便中带有血丝；可视黏膜有出血斑点；步态蹒跚，起立困难。后期病牛结膜苍白，黄染，在眼睑和尾部皮肤较薄的部位出现粟粒至扁豆大的深红色出血斑点，卧地不起，最后衰竭死亡。

4. 治疗

（1）贝尼尔　每千克体重用 $3.5\sim3.8mg$，配成 $5\%\sim7\%$ 溶液进行深部肌内注射。轻症 1 次即可，必要时 1 次/d，连续 $2\sim3$ 次。病牛偶尔出现起卧不安、肌肉震颤等副作用，但会很快消失。

（2）黄色素　每千克体重 $3\sim4mg$，配成 $0.5\%\sim1\%$ 溶液静脉进行注射，症状未减轻时 24h 后再注射 1 次。病牛在治疗后的数日内避免烈日照射。

（3）阿卡普林　每千克体重用 $0.6\sim1mg$，配成 5% 溶液皮下进行注射。有时注射后，病牛在数分钟出现起卧不安、肌肉震颤、流涎、出汗、呼吸困难等副作用（孕牛可能流产），但一般于 $1\sim4h$ 后自行消失。若不消失，则每千克体重皮下注射阿托品能迅速解除副作用。

（4）咪唑苯脲　按每千克体重 $2mg$ 配成 10% 溶液，分 2 次肌内注射。

5. 预防

（1）定期灭蜱，牛舍内 1m 以下的墙壁，用杀虫药涂抹。

（2）对于体表的蜱，应定期喷药或药浴牛。

（3）不要到有蜱的牧场放牧。

六、牛囊尾蚴病

1. 病原　病原为牛带绦虫的中绦期幼虫。成虫呈乳白色，大小为（$7\sim10$）$mn\times46mm$，牛囊尾蚴囊壁上有白色小点状头节，头节上有 4 个吸盘，没有顶突和钩。带状，链体长而肥厚，$5\sim10m$，最长达 25m，由 $1\,000\sim2\,000$ 个节片组成。成节近似方形，每个节片内有雌雄生殖系统各 1 套，睾丸 $800\sim1\,200$ 个。卵巢分为两大叶，孕节窄长，内有发达的子宫，子宫每侧有 15～30 个侧支，孕节可自动从链体脱落，常单节或数节相连而随粪便排出，亦能主动从肛门逸出。

2. 生活史 牛带绦虫的中间宿主是牛科动物，包括黄牛、水牛等，人是其唯一终末宿主。牛带绦虫寄生于人体小肠内，孕卵节片脱落后随粪便排出体外，或节片自动从终末宿主的肛门爬出。孕节在外界环境中破裂释放出虫卵，虫卵污染饲料、饮水或草场，如被牛吞食，六钩蚴从其小肠内逸出，钻入肠壁黏膜血管中，随血液流到心肌、舌肌、咀嚼肌等运动性强的肌肉中，经 10～12 周发育为成熟的囊尾蚴。人食生的或半生的含囊尾蚴的牛肉而受到感染，牛囊尾蚴在人的小肠经 2～3 个月发育为成虫。成虫的寿命较长，可达 60 年以上，甚至到宿主死后其生命才结束。

3. 流行病学 本病发生和流行与牛的饲养管理方式、人的粪便管理和人嗜食生牛肉有密切关系。犊牛较成年生易感染，也有发现经胎盘感染的犊牛。由于牛带绦虫卵不感染人，因此，人体内没有牛囊尾蚴寄生。

4. 致病作用 发育中的牛囊尾在体内移行期间有明显的致病作用，如人工感染初期可见体温升高、虚弱、腹泻、食欲不振、呼吸困难和心跳加速等，有时可使牛死亡，耐过感染后 8～10d，当牛囊尾在肌肉内定居并发育成熟后则几乎不显示致病作用。牛囊尾蚴的分布不均匀，以运动性强的肌肉中寄生数量最多。此外，也可在肝脏、肾脏和肺脏等处寄生，但极为少见。在组织内的囊尾蚴，6 个月后多已钙化。检查牛肉，见有豆粒大的乳白色囊泡，囊壁附有头节。用镊子剥离出囊泡经温水洗后，投入 40～41℃ 的胆汁生理盐水中，经 1～2d 后观察，如囊尾蚴的头颈部从囊内翻出时仍在伸缩，则为活着的囊尾蚴；如间隔 4h 后尚不能伸出，则囊尾蚴已经死亡。

5. 临床症状 荷斯坦公牛自然感染囊尾蚴后一般不出现明显的临床症状。牛带绦虫可引起人体消化障碍，如腹泻、腹痛、恶心等，长期寄生时可造成内源性维生素缺乏症及贫血。

6. 诊断　对病牛进行生前诊断较困难，可采用血清学方法做出诊断。检查荷斯坦公牛胸体或剖检死亡牛尸体时发现囊尾蚴便可确诊。牛囊虫在牛肉中最常寄生部位为肩胛肌（三头肌）、咬肌、舌肌、心肌、腰肌、颈肌及臀肌等。此外，亦可寄生在肺脏、肝脏、肾脏及脂肪等处。一般感染强度较低，囊虫数目少，且多在肌肉深层寄生，故应认真细致地进行肉品检验。在去头和内脏的胴体，牛囊虫的检出率要减少24%。

7. 治疗　本病重在预防。吡喹酮和阿苯达唑对寄生于牛体内的囊尾蚴有较好的驱杀效果：吡喹酮，按每千克体重30～60mg，连服23d；阿苯达唑，按每千克体重30mg，连服3d。

8. 预防

（1）做好牛带绦虫病患者的普查与驱虫工作。

（2）对人的粪便进行无害化处理，防止虫卵污染饲草和饮水；改进荷斯坦公牛的饲养管理方法，防止牛接触人粪。

（3）加强牛肉的卫生检验工作，轻微感染的胴体应做无害化处理或在－18℃经5d杀死牛囊尾蚴。

（4）改变人食生牛肉的饮食习惯，加强宣传教育工作，提高认识。

七、巴贝斯虫病

（一）牛双芽巴贝斯虫病

牛双芽巴贝斯虫病是由双芽巴贝斯虫寄生于牛的红细胞内所引起的一种急性、热性、季节性血液原虫病。本病最早发现于美国得克萨斯州，是一种蜱媒疾病，常造成牛的发病与死亡，是严重危害养牛业的主要疾病之一。

1. 病原　双芽巴贝斯虫为大型虫体，其长度大于红细胞的半径，呈环形、椭圆形、梨形和不规则形等。典型形状是成双的梨形虫体，尖端以锐角相连。虫体多位于红细胞的中央，每个红细胞内的虫体数目为 $1\sim2$ 个，红细胞染虫率一般为 $2\%\sim15\%$。

2. 生活史　本病的传播媒介为硬蜱。含有双芽巴贝斯虫子孢子的蜱叮咬牛时，子孢子随蜱的唾液进入牛体，虫体在牛的红细胞内以"成对出芽"方式进行繁殖。当红细胞破裂后，虫体逸出，再侵入新的红细胞，反复分裂，最后形成配子体。当蜱吸血后，虫体先在蜱的肠内进行配子生殖，以后再进入蜱和下一代幼蜱的肠壁、马氏管等处反复进行孢子生殖，最后进入子代若蜱的唾液腺内产生许多子孢子。

3. 流行病学

（1）宿主与分布　双芽巴贝斯虫寄生于牛的红细胞内，广泛分布于北美洲、南美洲、欧洲（特别是临近地中海的国家）、非洲等地区，在我国的甘肃、河南、陕西、浙江、江苏、安徽、西藏、云南、贵州、湖南、湖北等地均有发生。

（2）传播媒介与传播方式　本病的传播媒介在我国为微小扇头蜱（过去称微小牛蜱）与镰形扇头蜱，其中微小扇头蜱是主要传播媒介，经卵传播方式，由次代若蜱和成蜱阶段传播，幼蜱阶段无传播能力。

（3）发病季节　微小扇头蜱为一宿主蜱，每年可繁殖 $4\sim5$ 代，每代需时约 2 个月。本病的发生与蜱在当年出现的次数基本一致，在南方地区本病多发生在 7—9 月，但在蜱活动时间较长的个别地区冬季亦可发病。

（4）发病特点　在一般情况下，荷斯坦公犊的发病率高，但症状较轻，死亡少，容易自愈；荷斯坦公牛发病率低，症状重，死亡率高；当地牛易感性较低，而种牛和外地引进牛的易感性高，且病情重，死亡率亦高；老弱及使役过度的牛，病情更为严重。病愈的牛常有带虫免疫现象。

4. 临床症状　本病的潜伏期为 $1\sim2$ 周。病牛首先表现为发热，体温升高至 $40\sim42℃$ ，呈稽留热型；脉搏及呼吸速度加快，精神沉郁，喜卧地；食欲减退和消失；反刍迟缓或停止，瘤胃蠕动减数，便秘或腹泻，有的病牛还排出黑褐色、恶臭且带黏液的粪便。母牛泌乳量减少或停止，妊娠母牛常发生流产。病牛迅速消瘦，贫血，血液稀薄，黏膜苍白和黄染。最明显的症状是出现血红蛋白尿，尿的颜色由浅红色变为棕红色至黑红色。重症病例如不及时治疗，可在 $4\sim8d$ 内死亡，死亡率达 $50\%\sim80\%$ 。慢性病例，体温在 $40℃$ 上下持续波动数周，减食，消瘦，渐进性贫血，需经数周或数月才能康复。犊牛发病后，仅数日中度发热，心跳略快，食欲减退，稍见虚弱，黏膜苍白或黄染，退热后迅速康复。

5. 诊断　应根据流行病学资料、临床症状等进行综合诊断。病原学检查时，在荷斯坦公牛体温升高的前 $1\sim2d$ ，采集耳静脉血作涂片，用吉姆萨染色，在血涂片中查到少量圆形或变形虫样虫体；在血红蛋白尿出现期采血检查，可在血涂片中发现较多的梨形虫体，这是确诊的主要依据。此外，间接荧光抗体技术、ELISA、PCR 等均可辅助诊断本病。

6. 治疗　应尽量做到早确诊，早治疗。除用特效药物杀灭虫体外，还应针对病情进行强心、补液、健胃等对症治疗。常用特效药物有以下几种。

（1）贝尼尔　每千克体重 $3.5\sim3.8mg$ ，配成 $5\%\sim7\%$ 溶液，深部肌内注射。

（2）黄色素　每千克体重 $3\sim4mg$ ，配成 $0.5\%\sim1\%$ 溶液静脉注射，症状未减轻时 $24h$ 后再注射 1 次。另外，病牛在注射后的数日内，避免烈日照射。

（3）咪唑苯脲　对各种巴贝斯虫均有较好的驱杀效果。治疗剂量为每千克体重 $1\sim3mg$ ，配成 10% 溶液肌内注射。但该药会长期残留在牛体内，尽管已有试验报道认为残留在评价公共卫生意义上并无重要性，但仍有一些国家不允许该药用于肉食动物和乳用乳牛或规定动物用药后 28d 内不可屠宰供食用。

7. 预防　杜绝传染源，切断传播途径（灭蜱），避免牛群到大量蜱滋生的草场放牧，或改放牧为舍饲。牛的调动应选择在无蜱活动的季节，在调入、调出前用药物对牛体作灭蜱处理。澳大利亚已成功研制第二代微小扇头蜱基因工程疫苗，免疫效果比第一代更强，已在加拿大获准生产。

（二）牛巴贝斯虫病

1. 病原　为小型虫体，呈环形、椭圆形、单梨形或双梨形、边虫形及阿米巴形等。虫体长度小于红细胞的半径，多位于红细胞边缘或偏中部，成双的梨形虫虫体的尖端相对排列成钝角，为本虫的典型形状。染色质为一团，呈红色，位于虫体一端或边缘部。牛巴贝斯虫在外周血液中的红细胞染虫率很低，一般不超过 1%，每个红细胞内有 1～3 个虫体。

2. 生活史　牛巴贝斯虫的传播媒介为硬蜱，牛巴贝斯虫经卵传递方式由次代幼蜱传播，次代若蜱和成蜱无传播能力。其发育过程与双芽巴贝斯虫相似。

3. 流行病学

（1）宿主与分布　牛巴贝斯虫寄生于黄牛、水牛的红细胞内，河南、江苏、浙江、江西、河北等地均有牛巴贝斯虫病的发生。牛巴贝斯虫各虫株之间的致病性有差异，澳大利亚株和墨西哥株的致病性强，其危害性超过双芽巴贝斯虫。

（2）传播媒介与传播方式　本病的传播媒介为馆子硬蜱、全沟硬蜱、微小扇头蜱和镰形扇头蜱，经卵传播方式传播本病。我国已发现微小扇头蜱和镰形扇头蜱充当传播者，后者为三宿主蜱，一年繁殖一代。

（3）发病季节　发病季节与传播媒介的活动季节基本一致。镰形扇头蜱每年出现于 4 月上旬，最早可出现于 3 月底，4 月下旬至 5 月中旬达高峰，6 月减少，7 月即从牛体上消失。如传播媒介为微小扇头蜱的地区，则发病高峰出现在 5 月、7 月、9 月。

（4）发病特点 多发于 1～7 月龄的犊牛，但有些地方不受年龄限制。微小扇头蜱与镰形扇头蜱均在野外活动，因此，牛在放牧时均可感染。

4. 临床症状 本病的潜伏期为 4～10d。初期病牛体温升高，可达 41℃，呈稽留热型；精神不振，食欲和反刍减退。随着病程的发展，脉搏增快而弱，呼吸促迫，贫血；病牛极度虚弱，食欲废绝，可视黏膜苍白，小便频数，尿液为枣红色。急性病例的病程持续 1 周。轻度病例在血红蛋白尿出现后 3～4d，体温下降，尿色变清，病情逐渐好转但血液指标要经 2～3 个月后才能恢复正常。病牛的死亡率较低，一般为 20% 左右。

5. 诊断 方法同双芽巴贝斯虫病，确诊必须在血片中查到典型虫体。

6. 治疗 参照双芽巴贝斯虫病。

7. 预防 国外已有用牛巴贝斯虫病弱毒疫苗和分泌抗原疫苗进行免疫预防的报道，牛巴贝斯虫病基因工程疫苗也已研究成功。

第十五章

环境卫生控制

··

第一节　牛场卫生与环境保护

一、饲养环境与公共卫生

1. 饲养环境　环境因素是影响荷斯坦公牛生产性能的重要因素之一，不良的养殖环境会严重影响经济效益；同时，荷斯坦公牛生产过程产生的废弃物如粪、尿、有害气体等会排放到环境中，对环境造成破坏。在影响荷斯坦公牛生产的各个因素中，遗传占20%，营养占40%～50%，环境占30%～40%。因此，为实现健康、高效养殖，一方面要为荷斯坦公牛创造良好的养殖环境；另一方面要减少荷斯坦公牛养殖过程中对环境造成的不良影响。

2. 公共卫生

（1）饮水安全　在养殖过程中，饮水不充足、水质差、饮水器皿不清洁等都会导致牛采食量下降，易患多种疾病。牛对水的感官指标要求是：无异味、无色、透明。另外，水温过低会影响瘤胃的正常发酵。在冬季，给育肥牛饮用温水较饮用冷水有更高的饲料转化率和日增重。饮水设施的数量和位置应根据牛的数量来定，避免牛饮水不足或相互争夺饮水。水质应该符合卫生标准，并定期更换、清洗和消毒饮水设施。

（2）牛场绿化　应结合隔离、遮阳和防风需要进行，可种植能美化环境、净化空气的树和花草。通过绿化，来改善牛场环境条件和局部小气候，同时也能起到隔离作用。

（3）卫生消毒　干净卫生的环境是牛健康的基本保障。在实际的饲养管理过程中，要及时清除粪便，谨防细菌滋生。一般圈舍1周进行2次以上的常规消毒，在疫病发生期间，每天对污染区域消毒3次以上，在养殖场门口设置消毒池，在人员通道设置消毒间。至少选用3种以上的环境消毒剂并经常更换，常用醛类（如戊二醛）、酚类（如来苏儿）、碱类（如生石灰），重要区域和环节可使用火焰消毒。

（4）防疫　牛场一旦根据自身的实际情况制定了适合本场的相关卫生防疫规程，就一定要在生产中按照要求严格执行。规模化养牛场更应该重视卫生防疫原则，牛场中一旦出现某种疫病的流行，如果防治措施不得当，必将带来比较大的经济损失。

二、环境卫生保护

在荷斯坦公牛养殖中，营养物质的消化代谢、饲喂机械的运作、废弃物（粪、尿）的排泄等会向空气中排放有害物质，主要包括有害气体和颗粒物，这些有害物质被排放到空气中对环境和肉牛健康都会产生危害。粪便、尿液、饲料、皮屑、废弃物等是牛舍颗粒物的主要来源，颗粒物通过呼吸进入呼吸道，严重危害牛和人的呼吸道健康。颗粒物主要通过3种方式影响牛的健康：一是吸入的PM刺激呼吸道，降低免疫抵抗力，引起呼吸系统疾病；二是由PM中存在的化合物刺激呼吸道；三是由附着在PM上的致病和非致病性微生物感染引起呼吸系统疾病。

1. 场所内粉尘污染治理　牛场内会有一定量的粉尘污染，需要采取有针对性的治理措施。首先保证牛舍内的温度适当。加强圈舍的消毒，在夏季，每2～3d喷雾消毒1次；在冬季，每周消毒1次。

2. 噪声污染的治理 噪声污染会使荷斯坦公牛惊恐不安及日增重下降。为此，在规模化牛养殖场建设的过程中，应该科学选址，远离噪声，减少对牛的影响。

3. 蚊蝇和鼠害的防治 生产中，应该定期做好灭蚊和防鼠工作，及时清理污水和粪便。此外，使用有机磷制剂能够有效杀虫，每周使用 1 次即可。

4. 垃圾和病死牛的处理 处理牛场生活垃圾，应该按照国家的规定进行，采取集中处理和综合利用的方式，不能够自行掩埋或者焚烧，避免对周围的生态环境造成污染。如果牛患有口蹄疫等传染性疾病，必须对病死牛进行无害化处理，避免疾病传播。

5. 建立健全防疫体系 完善的防疫体系是有效控制疫病发生的前提。中小规模荷斯坦公牛场要根据当地疫病流行情况并结合自己牛场的具体情况，制定适合自己的牛场疫病防控方案、科学合理的免疫驱虫程序、严格的防疫制度；同时，加强基础设施建设，配备必要的消毒防疫设备。

6. 实施标准化科学饲养 根据饲养牛群在不同阶段的营养需求的不同，制定不同的日粮配方，保证营养均衡、全面；不饲喂发霉、腐败和变质饲料，冬季不喂冰冻的饲草料；不饲喂国家禁止添加的添加剂、抗生素等，可适当在饲料中添加维生素、蛋白质及微生态制剂等，增强机体的抗病能力；保证饮用水的清洁卫生，冬季注意给饮用水加温；注意休药期，规范使用药品。

三、牛场污染及对环境污染的影响

1. 水 荷斯坦公牛场每天会排出大量粪便，这些粪便和水混在一起形成的污水如果处理不当，排放到周边水域，就会造成水体污染，导致水体富营养化，引起藻类大量繁殖等。

2. 土壤 荷斯坦公牛场的粪便和饲料残渣等废弃物，含有很多的重金属等有毒物质，这类有毒物质会长时间渗入地下，对土壤造成破坏，从而进一步给环境和人体健康带来危害。

3. 重金属　重金属污染物一般通过以下途径进入牛养殖环节：①养殖场所处地区的自然环境中的高本底含量；②工业"三废"的排放；③农业生产活动造成的污染；④饲料和饲料添加剂的不规范生产和使用。重金属通过上述途径进入牛体后不会发生分解，极易在牛体和产品中残留，进而通过食物链危害人体健康。

4. 空气　荷斯坦公牛场的粪便和饲料残渣等废弃物，长时间堆积就会散发出臭味和不断产生有害气体，如氨、甲烷等，进而对大气环境造成污染。

5. 声音　牛场设备产生的噪声、牛的叫声等，都会对周边居民的生活和健康造成影响，特别是在夜间。

6. 滥用抗生素　抗生素滥用不仅会使微生物产生耐药性，也会在畜产品中累积，人类接触后会产生各种不良反应。

第二节　粪污处理

一、牛粪的处理

牛粪是一种常见的有机废弃物，如果不妥善处理，会对环境造成污染。

1. 腐熟堆肥还田　堆肥发酵是牛养殖过程中最常见的粪污处理方式，具有成本低、操作简单、易实现的特点。将粪便和垫草、秸秆等有机物按一定比例堆积起来，能创造适宜需氧型微生物大量繁殖的条件。牛粪便中的粗脂肪等有机物含量高，在微生物的作用下能发生生物化学反应而自然分解，随着堆内温度的升高，病原菌、蛆蛹、寄生虫等能被杀死，起到无害化处理的效果。腐熟后的粪污可就近还田，作为农业耕种的传统肥料使用。随着对堆肥发酵的研究深入，在堆肥过程中加入生物菌剂可以缩短发酵周期，提高粪肥转化率和有益生物在有机肥中的生物效价。

但堆肥发酵对污水处理的能力有限，粪便中的药物残留容易引起二次污染。

2. 燃烧处理 在干旱地区或树木、煤炭资源紧缺地区，将牛粪晒干作为燃料能源是一种常见的方式。牛粪里大多是植物纤维，燃点低且燃烧后无异味，燃烧 3t 干牛粪所产生的热量与 1t 标准煤所产生的热量相等，这种获取原材料的方式简单，成本低，避免了牛粪对生态环境的污染，但是有地域性限制，直接燃烧的效果较差，故该处理方式具有地域特色。

3. 沼气发酵 沼气发酵又称厌氧发酵，指在适宜的水分、温度、厌氧条件下，利用微生物将牛粪分解为甲烷等可燃性气体。沼气池是厌氧发酵生产沼气的普遍处理方式，投料前需要选择有机营养适合的牛粪作为启动的发酵原料。沼气池要保证绝对的厌氧环境，适宜的温度、酸碱度、粪水比例等，需要一定的技术储备；另外，沼气池的选址与建造，推广难度较大。北方地区尤其是东北地区，冬季气温寒冷会影响发酵和气体输送。

4. 有机肥生产 牛粪是优质的有机肥原料，将牛粪与秸秆、草木灰等按特定比例混合，采用好氧发酵工艺，利用粪便、秸秆等配合高温发酵菌种和自动发酵环保设备，就能生产有机肥。在有机肥生产过程中还可以加入乳酸菌群、酵母菌群等微生物发酵制剂。将发酵好的牛粪进行粉碎加工处理，添加一定量的营养元素并进行搅拌处理，可进行肥料制粒，经烘干、冷却、筛分、包膜等步骤可制成商品有机肥。有机肥的生产实现了粪污的有效"资源化"，达到了零污染，并可充分处理利用废液。

5. 基质化利用 基质化利用是将牛粪作为其他生产所需要的基质的一种粪污处理方式。第一种是将牛粪、沼渣、秸秆作为原料，进行堆肥发酵，发酵过的粪肥可以作为基质土用于果蔬、食用菌栽培。第二种是用于蚯蚓及蝇蛆养殖。蚯蚓含有 42% 粗蛋白、23% 粗脂肪，可以用于有机肥和蛋白质饲料，成为骨粉、豆粕的替代品，节约养殖成本；蝇蛆养殖后通过水煮及高温烘干处理，也可作为高蛋白饲料。

二、污水的处理

牛场污水的主要来源包括尿液、牛舍冲洗用水、粪尿冲洗用水、奶厅清洗用水、喷淋牛舍用水等。牛场每天产生的大量粪尿等，随着降雨和地表径流汇入周边的地表水与地下水中，如果不经过处理而直接排放，会对环境造成严重污染。

牛场污水治理的方式主要有物理法、物理—化学法、生物法3种类型。

1. 物理法　一般通过重力沉淀、离心沉淀等方法将牛场污水中的粪便、毛发等不溶于水的固体污染物质与溶于水的污染物区分开来，达到固液分离的目的。其具有工艺简单的特点，但是对污染物的去除效率较低，通常作为牛场污水处理的第一道工序，其固液分离的效果对整个污水处理系统的效果有较大的影响。

2. 物理—化学法　指通过向牛场污水中加入絮凝剂和吸附性物质，吸附、絮凝污水中溶于水的污染物，达到净化污水的目的。这种方法处理污水的效果较好，是牛场污水处理常用的方法。例如，向污水中加入高锰酸钾作为絮凝和吸附剂，在pH偏酸性时，高锰酸钾对耗氧量（chemical oxygen demand，COD）的去除率最高能够达到51.37%。活性炭、沸石是较为常用的吸附性物质，在污水处理上受到广泛的应用。在适宜的条件下，钙型天然斜发沸石对氨、氮的去除率高达96%，同时对COD的去除率也达到了84%。凹凸棒黏土因为内部多孔，常常被用作吸附材料，改造后的凹凸棒黏土对污水中COD的去除率最高能够高达到92%。

3. 生物法　包括两种处理模式：厌氧生物法和好氧生物法。其中，好氧生物法中的活性污泥法及生物膜法是最常用的污水处理方法。我国牛场多采用厌氧与好氧同时进行的生物处理方法，对污水中污染物的去除效果较为理想。我国牛场在污水处理过程中，并不仅仅局限于某一种处理工艺，往往通过多种处理工艺的组合，达到治理污水的目的。

参 考 文 献

敖登花，2022. 牛羊养殖常用饲料类型及营养特点 [J]. 中国畜牧业（9）：
72 - 73.

白英平，2017. 牛炭疽的综合防制 [J]. 兽医导刊（23）：28 - 32.

柏峻，2019. 日粮能量水平对育肥期锦江牛生产性能、相关代谢、肉品质的
影响及其能量需要的研究 [D]. 南昌：江西农业大学.

边四辈，陈国梁，2020. 奶牛日粮配方设计要点 [J]. 中国奶牛（2）：20 -
21.

曹江，黄维红，2023. 牛布鲁氏杆菌病防控措施研究 [J]. 畜禽业，34
（11）：65 - 67.

柴宏高，2019. 牛病的发生特点与防控措施 [J]. 畜牧兽医科技信息
（12）：105.

常小方，张买川，牛青鱼，等，2008. 牛消化道线虫病的防治 [J]. 中国牛
业科学（1）：83 - 84.

晁密，2014. 牛场建筑要求 [J]. 农家参谋（11）：20.

陈士栋，2014. 无公害牛场的建设与绿化 [J]. 养殖技术顾问（8）：266.

陈秀扬，2022. 育肥牛养殖技术及注意事项探讨 [J]. 畜禽业，33（2）：49 -
51.

陈英华，2022. 牛布氏杆菌病的临床诊断与防控 [J]. 畜牧兽医科技信息
（12）：119 - 121.

程黎明，2020. 牛的饲料制备及加工工艺 [J]. 当代畜禽养殖业（11）：54.

戴明敏，2023. 牛囊尾蚴病的流行病学、诊断与防控 [J]. 中国动物保健，
25（1）：31 - 32.

党媛，2023. 犊牛大肠杆菌分离鉴定与药敏试验 [J]. 农业工程技术，43
（19）：40 - 41.

丁飞飞，2020. 规模化奶牛场养殖废水处理工艺技术的研究 [D]. 长春：吉林农业大学.

董建敏，2019. 牛球虫病的流行与防控 [J]. 现代畜牧科技 (1)：58-59.

窦炳玲，2023. 牛巴氏杆菌病的诊治 [J]. 中国动物保健，25 (10)：23-24.

房文斌，陈强斌，2023. 牛结核病净化关键环节与措施 [J]. 现代畜牧科技 (10)：129-131.

高奇奇，2023. 牛口蹄疫防疫的技术要点 [J]. 今日畜牧兽医，39 (8)：12-14.

高庆翔，2020. 奶牛场污水处理与山林水田循环利用系统的环境评价 [D]. 南京：南京农业大学.

高瑞，赵辉，谢玉杰，等，2022. 牛巴氏杆菌病诊断技术及疫苗研究进展 [J]. 畜牧与兽医，54 (11)：143-147.

高艳玲，2020. 奶牛育成牛的前期饲养与管理 [J]. 吉林畜牧兽医，41 (11)：81.

古丽巴合尔·艾尼瓦尔，2019. 牛肝片吸虫病诊治 [J]. 畜牧兽医科学 (8)：117-118.

韩丹，2023. 饲料蛋白质水平对牛羊生长发育性能和肉品质的影响 [J]. 中国畜禽种业，19 (6)：145-148.

韩元，李春花，马豆豆，等，2023. 牛巴贝斯虫病的研究进展 [J]. 青海畜牧兽医杂志，53 (2)：49-55.

郝宝娟，臧莉，王辉，等，2023. 牛结核病的疫病特点及防控策略 [J]. 天津农林科技 (3)：27-29.

郝教欣，2018. 牛肝片吸虫病的防治措施 [J]. 畜禽业，29 (8)：112-113.

何焕学，王爽，张鹏宇，等，2022. 牛巴贝斯虫病的诊断与防治 [J]. 畜牧兽医科技信息 (11)：119-122.

何小懿，2020. 畜牧养殖动物疾病病因与防控措施 [J]. 中国畜禽种业，16 (2)：64.

候景辉，李英豪，林大林，等，2023. 西门塔尔牛焦虫病的诊断治疗分析

〔J〕. 现代畜牧科技（3）：82－84.

黄伟，2023. 犊牛大肠杆菌病的临床诊断及治疗〔J〕. 畜牧兽医科技信息
（4）：124－126.

黄雅琳，李盛琼，尹杰，等，2023. 牛结核病诊断方法的研究进展〔J〕. 现
代畜牧兽医（10）：81－85.

姬翠英，周博文，周娟，等，2022. 高饲料成本下断奶犊牛培育的营养调控
措施〔J〕. 中国乳业（9）：14－19.

吉迎春，2022. 牛炭疽的临床诊断及防治措施〔J〕. 畜牧兽医科技信息
（6）：134－135.

雷俊，2023. 牛吸虫病的诊断和防控〔J〕. 畜牧兽医科技信息（2）：89－
90.

雷宗全，2016. 牛场的建造与环境卫生管理及防疫〔J〕. 当代畜牧
（8）：104.

李国才，2020. 吡喹酮治疗牛血吸虫病效果观察〔J〕. 中国畜禽种业，16
（11）：162－163.

李诗晴，张鑫，易霞，等，2021. 哺乳期犊牛健康管理〔J〕. 中国乳业
（10）：9－18.

李伟，2020. 肉牛犊牛的饲养与管理〔J〕. 吉林畜牧兽医，41（10）：87.

李肖，2023. 牛巴氏杆菌病的综合防控措施〔J〕. 畜牧兽医科技信息（8）：
140－143.

李振华，2021. 肉牛饲养管理与育肥技术研究〔J〕. 中国动物保健，23
（11）：97－98.

刘芬，2018. 牛血吸虫病防治效果分析〔J〕. 中国动物保健，20（5）：47－
48.

刘芳，2023. 牛沙门氏菌病的流行特点和防控措施〔J〕. 中国动物保健，25
（9）：38－39.

刘军彪，刘光磊，董文超，等，2014. 奶牛饲料配方软件概述〔J〕. 中国奶
牛（8）：54－57.

刘明明，2015. 皖东牛生长期能量需要评价模型的建立及代谢产热量与增重
关系的研究〔D〕. 南京：南京农业大学.

刘明祯，孔伟，2018. 牛粪无害化处理技术研究 [J]. 中国动物保健，20 (8)：38-40.

刘清锋，2020.3—4月龄犊牛蛋白质需要及反刍动物瘤胃发育研究 [D]. 金华：浙江师范大学.

刘祥圣，邓波波，王阔鹏，等，2020. 常规与非常规粗饲料在奶牛瘤胃中的降解特性研究 [J]. 草业学报，29 (11)：190-197.

刘雪文，2023. 肉牛不同生长阶段的饲养管理要点 [J]. 畜禽业，34 (9)：34-36.

刘映雪，王虎，2022. 牛饲料添加剂的应用现状及研究进展 [J]. 今日畜牧兽医，38 (4)：61-62.

刘志勇，于兴全，2014. 生长肥育动物对蛋白质、氨基酸的需要 [J]. 养殖技术顾问 (2)：58.

罗泽明，2023. 牛口蹄疫的快速诊断与有效防控策略 [J]. 中国动物保健，25 (9)：32-33.

毛潮，2021. 宁夏海原县不同肉牛场环境质量的评价 [D]. 杨凌：西北农林科技大学.

毛宏祥，宋鹏，胡杰，等，2021. 发酵豆粕在犊牛饲料中的应用进展 [J]. 中国乳业 (10)：50-54.

南吉拉毛，2017. 牛炭疽的危害及防治要点 [J]. 当代畜牧 (14)：94.

努尔巴合提·吐尔达洪，2021. 牛羊青贮饲料加工制作及使用 [J]. 畜牧兽医科学 (1)：146-147.

潘海渊，2021. 牛的饲养管理及疾病防治 [J]. 农家参谋 (19)：123-124.

彭利，李德先，2022. 牛沙门氏菌病症状及综合防治 [J]. 畜牧兽医科学 (22)：134-136.

秦洁，2022. 牛羊炭疽的发病特点与预防 [J]. 畜牧兽医科技信息 (7)：171-173.

琼达，2023. 犊牛大肠杆菌病的诊断及其防治研究 [J]. 中兽医学杂志 (6)：31-33.

邱凯，朝格巴特尔，王志刚，2023. 牛结核病现状及诊断技术研究进展 [J]. 当代畜牧 (8)：87-88.

塔吉姑丽·库尔班尼亚孜，2022. 牛常见的饲料种类及饲喂注意事项 [J]. 畜禽业，33（5）：53－55.

邰丽萍，2022. 规模化养牛场犊牛健康养殖福利关键点的探讨 [J]. 黑龙江动物繁殖，30（6）：40－44.

田宇，2021. 玉米秸秆与青贮饲料对中国西门塔尔育成牛外周血单个核细胞炎性因子释放的影响 [D]. 长春：吉林大学.

佟垚毅，郭文伟，王浩程，等，2023. 育肥牛能量需要量的研究进展 [J]. 中国饲料（21）：99－104.

万玛措，2023. 牛羊口蹄疫病的发生、鉴别诊断及防治 [J]. 新农业（18）：57－58.

王秉龙，朱新忠，蔡翠翠，等，2018. 架子牛短期快速育肥日粮配方筛选试验 [J]. 黑龙江畜牧兽医（18）：57－60.

王秉龙，朱新忠，陈志龙，等，2019. 不同日粮配方对断奶犊牛生长发育的影响 [J]. 中国草食动物科学，39（2）：20－23.

王勃森，张芬芳，2020. 牧场日粮配方变更方法的制定与实施 [J]. 中国乳业（9）：23－26.

王得春，2020. 规模化牛场环境污染的综合防治 [J]. 兽医导刊（23）：66.

王金全，2021. 牛主要寄生虫病的兽医防治对策 [J]. 吉林畜牧兽医，42（1）：53.

王宁，吴红霞，2022. 牛沙门氏菌病诊断与防控 [J]. 畜牧兽医科学（22）：187－189.

王晴，2022. 牛焦虫病的防治 [J]. 畜牧兽医科技信息（1）：97－98.

王庆涛，2023. 牛沙门氏菌病的诊断与防控 [J]. 北方牧业（20）：23.

王帅，2023. 牛口蹄疫的防控措施 [J]. 北方牧业（21）：18.

王小风，姜峰，2023. 浅析牛巴氏杆菌病的诊断与治疗 [J]. 吉林畜牧兽医，44（5）：79－80.

王孝云，2021. 牛囊尾蚴病及其防治方法 [J]. 今日畜牧兽医，37（11）：96.

王欣宇，张春生，田春雨，等，2021. 规模化牛场粪污处理方法 [J]. 吉林畜牧兽医，42（5）：104－107.

王艳芳，2019. 牛屠宰检疫传染病的鉴定与处理［J］. 吉林畜牧兽医，40
　　（9）：41-43.

王智英，2023. 探讨牛布氏杆菌病的临床诊断［J］. 中兽医学杂志（5）：43-
　　45.

王众，2022. 秸秆青贮技术在牛羊养殖中的应用探析［J］. 现代畜牧兽医
　　（2）：93-96.

武新霞，2020. 牛球虫病的流行病学诊断和防治［J］. 今日畜牧兽医，36
　　（3）：92-93.

向晶晶，2021. 饲料添加剂在犊牛日粮中的应用［J］. 兽医导刊（23）：119-
　　120.

肖红，2016. 重视奶牛日常管理适时调整日粮配方［J］. 农村新技术（9）：
　　24-25.

谢占虎，2019. 牛炭疽病的危害及防治要点［J］. 畜牧兽医科技信息
　　（9）：85.

熊兵，2021. 育肥牛养殖技术要点［J］. 畜牧兽医科学（24）：34-35.

徐文涛，2022. 牛沙门氏菌病的防治［J］. 江西畜牧兽医杂志（6）：38-
　　40.

徐毅，2020. 畜牧养殖动物疾病病因分析与防控措施［J］. 畜禽业，31
　　（9）：84-86.

许平让，2023. 牛巴氏杆菌病防治措施［J］. 农村新技术（7）：40-41.

颜巍，2019. 牛疫病的发生特点及防控措施［J］. 今日畜牧兽医，35
　　（11）：38.

杨彪，李洪涛，2017. 牛场环境卫生管理及防疫要求［J］. 中国畜禽种业，
　　13（7）：89.

杨鸿斌，2022. 秸秆微贮饲料在肉牛羊养殖中的应用与推广［J］. 畜牧兽医
　　科学（1）：110-111.

叶莉莎，陈俭，胡敏，2022. 牛球虫病的研究进展［J］. 中国兽医学报，42
　　（7）：1504-1509.

雍耀兵，2023. 牛肝片吸虫病的预防和治疗［J］. 北方牧业（22）：42.

张毕红，刘耀权，黄岩，等，2023. 饲粮营养调控对维持围产期奶牛糖脂代

谢稳态的研究进展 [J]. 动物医学进展, 44 (11): 101 - 106.

张兵, 陈玉芳, 马徵, 2023. 牛布氏杆菌病的诊断和防治措施 [J]. 畜牧兽医科技信息 (2): 75 - 78.

张芳, 2023. 牛焦虫病的诊疗与防治 [J]. 中国畜牧业 (8): 111 - 112.

张福年, 2021. 玉米秸秆发酵饲料饲喂育肥牛的效果分析 [J]. 畜牧兽医科技信息 (6): 223.

张建军, 2022. 牛布氏杆菌病发病原因及防治措施 [J]. 畜牧兽医科学 (15): 77 - 79.

张晋爱, 史泽根, 2023. 秸秆饲料化利用的研究进展 [J]. 中国饲料 (14): 9 - 12.

张生晓, 2023. 牛口蹄疫的流行病学、临床症状及防治措施 [J]. 畜禽业, 34 (8): 78 - 80.

张自良, 2023. 浅析牛大肠杆菌病的诊断方法 [J]. 中国畜牧业 (15): 121 - 122.

赵晨鲲, 2023. 牛羊口蹄疫诊断及防治 [J]. 中国畜牧业 (20): 107 - 108.

赵国财, 2017. 牛炭疽的病理学和病原学诊断 [J]. 畜牧兽医科技信息 (9): 83.

赵鲁, 2023. 牛结核病的流行特点与检疫技术 [J]. 中国畜牧业 (9): 123 - 124.

郑培育, 于越, 于昆朋, 等, 2020. 牛对蛋白质的需要 [J]. 中国畜禽种业, 16 (9): 107.

周作军, 2021. 牛炭疽病的流行及防控 [J]. 中兽医学杂志 (8): 48 - 49.

朱付保, 谢利杰, 李晓楠, 2017. 奶牛营养配方系统的设计与实现 [J]. 湖北民族学院学报, 35 (3): 313 - 316.

朱茜, 2023. 犊牛大肠杆菌病的诊断与防治 [J]. 养殖与饲料, 22 (9): 68 - 70.

庄连侠, 孙娜, 2018. 牛消化道线虫病的类型及综合诊治 [J]. 畜牧兽医科技信息 (6): 90 - 91.

邹喻, 2017. 牛炭疽的诊断及防控措施 [J]. 当代畜牧 (14): 67 - 68.

左昆江, 2021. 牛焦虫病的防治 [J]. 养殖与饲料, 20 (6): 90 - 91.

附　　录

附录1　饲料在肉牛瘤胃和小肠中的营养价值评定

附表1　饲料有机物和蛋白质在肉牛瘤胃及小肠的
营养价值（以饲料干物质基础计）

饲料名称	饲料来源	FOM/OM	CP (%)	DP (%)	RDP (%)	MCP (g/kp)		RENB (g)	IDCP (g/kg)		
						MCPf	MCPT		IDCPMF	DCPMP	IDCPUDP
豆饼	黑龙江	0.547	45.8	50.75	232	74	209	−135	199	293	499
豆饼	黑龙江	0.546	43.4	50.72	220	74	198	−124	191	278	507
豆饼	黑龙江	0.771	42.4	66.02	280	105	252	−147	167	270	468
豆饼	黑龙江	0.629	44.2	58.43	258	86	232	−146	180	282	482
豆饼	黑龙江	0.621	34.4	57.66	198	84	178	−94	154	220	521
豆饼	黑龙江	0.645	37.8	59.87	226	88	203	−115	160	241	503
豆饼	黑龙江	0.66	40.9	61.23	250	90	225	−135	166	261	488
豆饼	吉林	0.614	41.8	50.07	209	84	188	−104	195	267	514
豆饼	吉林	0.682	48.7	63.23	308	93	277	−184	181	310	450
豆饼	北京	0.525	41.3	48.77	20	71	181	−110	187	265	519
豆饼	北京	0.68	41.2	63.11	260	92	234	−142	163	263	481
豆饼	北京	0.58	40.8	53.83	220	79	198	−119	178	261	507
豆饼	北京	0.475	40.7	44.08	179	65	161	−96	194	261	534
豆粕	北京	0.637	45.9	59.09	271	87	244	−157	183	293	474
豆粕	北京	0.418	47.9	38.77	186		167	−110	230	307	529
豆粕	北京	0.403	44.3	37.41	166	55	149	−94	219	284	542
豆粕	北京	0.568	40.8	52.71	215	77	194	−117	179	261	510
豆粕	北京	0.612	41.5	56.85	236	83	212	−129	174	265	497

（续）

饲料名称	饲料来源	FOM/OM	CP (%)	DP (%)	RDP (%)	MCP (g/kp)		RENB (g)	IDCP (g/kg)		
						MCPf	MCPT		IDCPMF	DCPMP	IDCPUDP
豆粕	北京	0.599	43.9	55.59	244	81	220	−139	183	281	491
豆粕	黑龙江	0.598	42.5	56.49	240	81	216	−135	177	271	494
豆粕	东北	0.67	44.9	62.24	279	91	251	−160	174	286	469
豆粕	东北	0.525	44.1	48.71	215	71	194	−123	179	283	510
豆粕	河南	0.44	43.3	40.87	177	60	159	−99	208	278	535
豆粕	北京	0.477	41.5	44.29	184	65	166	−101	196	266	530
豆粕（%）	中农大	0.164	48.4	14.7	71	22	64	−42	284	313	604
热处理豆饼	中农大	0.272	45.2	25.28	114	37	103	−66	246	292	576
黄豆粉	中农大	0.731	37.1	67.86	252	99	227	−128	147	236	486
花生饼	河北	0.425	35.4	54.29	192	58	173	−115	146	226	525
花生饼	北京	0.58	40.3	74.28	299	79	269	−190	123	256	456
花生粕	北京	0.546	53.5	54.14	290	74	261	−187	211	342	462
棉仁粕	河北	0.239	33.1	30.15	100	33	90	−57	173	213	585
棉仁粕	河南	0.296	36.3	37.35	136	40	122	−82	176	233	562
棉仁饼	河北	0.258	32.9	32.34	106	35	95	−60	169	211	581
棉仁饼	河北	0.322	41.3	40.66	168	44	151	−107	190	265	541

饲料名称	饲料来源	FOM/OM	CP (%)	DP (%)	RDP (%)	MCP (g/kp)		RENB (g)	IDCP (g/kg)		
						MCPf	MCPp		IDCPMF	DCPMP	IDCPUDP
棉仁饼	河北	0.41	27.3	51.83	141	56	127	−71	125	175	558
棉仁饼	河南	0.305	37.2	38.48	143	41	129	−88	178	239	557
棉籽饼	河北	0.495	28.7	62.49	179	67	161	−94	117	183	534
棉籽饼	河南	0.417	28.6	58.43	167	57	150	−93	117	182	541
棉籽饼	北京	0.214	35.1	27.01	95	29	86	−57	187	227	588
菜籽粕	四川	0.44	33.7	46.17	156	60	140	−80	160	216	549
菜籽粕	上海	0.29	34.3	30.38	104	39	94	−55	183	221	582
菜籽粕	北京	0.406	37.5	42.62	160	55	144	−89	178	241	546
菜籽饼	河北	0.323	40	25.78	103	44	93	−49	224	258	583
菜籽饼	四川	338	42.8	27.02	116	46	104	−58	235	276	575
菜籽饼	北京	554	24.2	58.03	140	75	126	−51	119	155	559

（续）

饲料名称	饲料来源	FOM/OM	CP (%)	DP (%)	RDP (%)	MCP (g/kp)		RENB (g)	IDCP (g/kg)		
						MCPf	MCPp		IDCPMF	DCPMP	IDCPUDP
葵花粕	北京	0.485	32.4	46.13	149	66	134	−68	160	206	553
葵花饼	北京	0.669	27.2	70	190	91	171	−80	117	173	527
葵花饼	内蒙古	0.72	30.2	76.56	231	98	208	−110	115	192	500
胡麻粕	河北	0.573	31	61.95	192	78	173	−95	131	198	525
芝麻饼	河北	449	35.7	46.59	166	61	149	−88	167	228	542
芝麻粕	北京	0.472	41.9	49.05	206	64	185	−121	83	268	516
芝麻渣粉	北京	0.582	42.4	54.79	232	72	209	−137	175	271	499
芝麻渣饼	北京	0.583	40.8	91.45	373	114	336	222	103	258	408
芝麻饼	北京	0.789	3 535	85.57	304	107	274	−167	108	225	452
酒糟蛋白粉	北京	0.468	29.5	43.84	129	64	116	52	153	189	566
酒糟蛋白粉	北京	0.415	36.8	34.24	126	56	113	−57	196	236	568
玉米	东北	0.369	9.6	29.73	29	50	26	24	79	62	631
玉米	河北	0.593	7.6	43.44	33	73	30	43	79	49	629
玉米	河南	0.643	8.5	51.89	44	87	40	47	88	55	621
玉米	河南	0.508	8.3	40.94	34	69	31	38	80	54	628
玉米	北京	0.418	8.1	44.46	36	57	32	25	69	52	627
玉米	北京	0.618	8.4	49.82	42	84	38	46	86	54	623
玉米	北京	0.485	8.3	39.12	32	66	29	37	79	53	629
次粉	北京	0.786	16	80.34	129	107	116	−9	95	101	566
麸皮	北京	0.687	14.9	83.36	124	93	112	−19	81	95	569
麸皮	河北	740	15.9	85.11	135	01	122	−21	86	101	562
麸皮	河北	0.625	14.1	75.6	107	85	96	−11	82	89	580
碎米	河北	0.654	6.5	65.41	43	89	39	50	77	42	622
碎米	河北	0.639	7	63.92	45	87	41	46	77	45	621
米糠	河北	0.587	10.9	88.67	97	80	87	−7	64	69	587
米糠	北京	0.656	14.3	76.78	110	89	99	−10	84	91	579
豆腐渣	北京	0.548	21.8	60.2	13	75	118	−43	109	139	565
豆腐渣	北京	0.541	19.7	59.64	17	74	105	−31	104	126	574
豆腐渣	北京	0.743	19.4	80.02	155	101	140	−39	96	123	549

（续）

饲料名称	饲料来源	FOM/OM	CP (%)	DP (%)	RDP (%)	MCP (g/kp)		RENB (g)	IDCP (g/kg)		
						MCPf	MCPp		IDCPMF	DCPMP	IDCPUDP
玉米胚芽饼	北京	0.543	14.2	54.28	77	74	69	5	94	91	600
饴糖糟	北京	0.365	6	36.47	22	50	19	31	58	36	636
玉米渣	北京	0.444	10.1	50.19	51	60	43	17	72	60	617
淀粉渣	北京	0.345	7.9	3.5.25	28	47	24	23	64	47	632
酱油渣	北京	0.619	26.1	64.26	168	84	143	−59	115	156	541
啤酒糟	北京	0.538	23.6	56.62	134	73	114	−41	112	141	563
啤酒糟	北京	0.354	25.2	37.24	94	48	80	−32	128	151	589
啤酒糟	北京	0.333	29.5	35.07	103	45	88	−43	147	177	583
啤酒糟	北京	0.458	20.4	48.18	98	62	83	−21	107	122	586
羊草	东北	0.384	6.7	52.73	35	52	30	22	56	40	579
羊草	东北	0.384	6.9	44.87	31	52	26	26	59	41	581
羊草	东北	0.384	6.1	51.89	32	52	27	25	54	36	581
羊草	东北	0.384	6.2	51.56	32	52	27	25	54	37	581
羊草	东北	0.384	5	57.79	29	52	25	27	49	30	583
羊草	东北	0.384	8.8	59.26	52	52	4	8	58	52	569
羊草	东北	0.384	5.4	63.32	34	52	29	23	48	30	580
羊草	东北	0.384	7.9	74.33	59	52	50	2	48	47	565
玉米青贮	北京	0.331	5.4	49.78	27	45	23	22	48	32	584
玉米青贮	北京	0.447	8.8	60.53	53	61	45	16	64	53	568
大麦青贮	北京	0.333	8.9	36.36	32	45	27	18	66	53	581
大麦青贮	北京	0.456	7.9	61.8	49	62	42	20	61	47	571
高粱青贮	北京	0.365	7.3	39.66	29	50	25	25	61	44	583
高粱青贮	北京	0.365	8.1	70.12	57	50	48	2	49	48	566
高粱青贮	北京	0.338	9.2	48.42	45	46	38	8	60	55	573
高粱青贮	北京	0.447	10.8	60.51	65	61	55	6	69	64	561
高粱青贮	北京	0.447	7.8	66.47	52	61	44	17	58	46	569
高粱青贮	北京	0.447	11.4	64.91	74	61	63	−2	67	68	556
稻草	北京	0.273	3.8	39.91	15	37	13	24	26	9	0

（续）

饲料名称	饲料来源	FOM/OM	CP (%)	DP (%)	RDP (%)	MCP (g/kp)		RENB (g)	IDCP (g/kg)		
						MCPf	MCPp		IDCPMF	DCPMP	IDCPUDP
稻草	北京	0.273	4.8	38.58	19	37	16	21	26	11	0
稻草	北京	0.273	3.1	37.76	12	37	10	27	26	7	0
复合处理稻草	中农大	0.4	7.7	68.48	53	54	45	9	38	32	0
玉米秸	河北	0.299	5.4	42.89	23	41	20	21	29	14	0
小麦秸	河北	0.281	4.4	29.9	13	38	11	27	27	8	0
麦秸	河北	0.281	4.3	43.23	19	38	16	22	27	11	589
亚麻秸	河北	0.281	4.5	43.01	19	38	16	22	27	11	589
干苜蓿秆	北京	0.444	13.2	61.1	81	60	69	−9	42	48	551
鲜苜蓿	北京	0.505	18.9	79.91	151	69	128	59	71	112	509
羊茅	北京	0.482	11.2	70.29	79	66	67	−1	66	67	553
无芒雀麦	北京	0.553	11.1	65.99	73	75	62	13	75	66	556
红三叶	北京	0.658	21.9	80.6	177	89	150	−61	88	130	494
鲜青草	北京	0.536	18.7	73.61	138	73	117	−44	81	111	517

注：（1）瘤胃有机物发酵率（FOM/OM），根据实测或抽样测定估算。

（2）瘤胃蛋白降解率（DP），根据牛瘤胃尼龙袋法实测，降解蛋白（RDP）＝DP(%)×粗蛋白（%）/10。

（3）按供给的能量，估测瘤胃微生物产生量 MCPf(g)＝FOM(kg)×136。

（4）按供给的降解蛋白（RDP），估测瘤胃微生物蛋白 MCPp(g)，对精饲料为0.90，对青粗饲料为0.85。

（5）瘤胃能氮平衡（RENB）为 MCPf－MCPp，瘤胃微生物蛋白小肠的表观消化率为0.70。

（6）饲料未降解蛋白（UDP）的小肠表观消化率，对精饲料为0.65，对青粗饲料为0.60，对秸秆类则忽略不计。

（7）小肠可消化蛋白（IDCP）根据微生物蛋白产生量（MCP）和未降解蛋白（UDP）估测。IDCPMF 表示 IDCP 中的微生物蛋白由 FOM 估测，IDCPMP 表示 IDCP 中的微生物蛋白由 RDP 估测，IDCPUDP 表示小肠可消化瘤胃未降解蛋白。

附录 2　常用饲料中中性洗涤纤维和
酸性洗涤纤维的含量

附表 2　常用饲料中中性洗涤纤维（NDF）和酸性洗涤
纤维（ADF）的含量（%）

饲料名称	DM	NDF	ADF
豆粕	87.93	15.61	9.89
豆粕	88.73	13.97	6.31
玉米	87.33	14.01	6.55
大米	86.17	17.44	0.53
玉米淀粉清	87.26	59.71	
米楝	89.67	46.13	23.73
苜蓿		51.51	29.73
豆秸		75.26	46.14
羊草		72.68	40.58
羊草	15	67.24	41.2
羊草	92.09	67.02	40.99
羊草	92.5	71.99	30.73
稻草		75.93	46.32
麦秸		81.23	48.39
玉米秸（叶）		67.93	38.97
玉米秸（茎）		74.44	43.16

附表 3　常用饲料中中性洗涤纤维（NDF）和酸性洗涤
纤维（ADF）的含量（%）

饲料名称	DM	NDF	ADF
玉米淀粉渣	93.47	81.96	28.02
麦芽根	90.64	64.8	17.33
麸皮	88.54	40.1	11.62
整株玉米	17	61.3	34.86

（续）

饲料名称	DM	NDF	ADF
青贮玉米	15.73	67.24	40.98
鲜大麦	30.33	65.7	39.46
青贮大麦	29.8	76.35	46.24
高粱青贮	93.65	67.63	43.71
高粱青贮	32.78	73.13	46.88
啤酒糟	93.66	77.69	25.77
酱油渣	93.07	65.62	35.75
酱油渣	94.08	54.73	33.47
白酒糟	94.5	73.48	50.64
白酒糟	93.2	73.24	52.49
羊草	92.96	70.74	42.64
稻草	93.15	74.79	50.3
氨化稻草	93.92	74.15	55.28
苜蓿	91.46	60.34	44.66
玉米秸	91.64	79.48	53.24
小麦秸	94.45	78.03	72.63
氨化麦秸	88.96	78.37	54.62
谷草	90.66	74.81	50.78
氨化谷草	91.94	76.82	50.49
复合处理谷草	91.06	76.31	48.58
稻草	92.08	86.71	54.58
氨化稻草	92.33	83.19	49.59
复合处理稻草	91.68	77.95	50.59
玉米秸	91.85	83.98	66.57
氨化玉米秸	91.15	84.82	63.92
复合处理玉米秸	92.37	81.64	57.32
糜黍秸	91.59	78.32	45.38
氨化糜黍秸	91.43	75.88	46.04
复合氨化糜黍秸	92.19	72.16	42.02

（续）

饲料名称	DM	NDF	ADF
莜麦秸	92.39	76.65	50.33
氨化莜麦秸	91.47	75.27	51.87
复合处理莜麦秸	92.04	79.91	49.36
麦秸	92.13	89.53	69.22
氨化麦秸	89.64	86.54	63.54
复合处理麦秸	91.93	82.75	61.53
麦壳	91.98	83.5	52.22
氨化麦壳	92.61	84.44	54.16
复合处理麦壳	92.42	84.94	53.29
白薯蔓	91.49	55.54	45.5
氨化白薯蔓	91.88	61.25	45.83
复合处理白薯蔓	92.45	59.24	47
苜蓿秸	91.89	75.27	57.7
氨化苜蓿秸	90.78	77.91	58.02
复合处理苜蓿秸	92.51	72.85	53.48
花生壳	91.9	88.74	71.99
氨化花生壳	91.86	88.78	72.44
复合处理花生壳	92.24	86.29	74.75
豆荚	91.48	71.1	52.81
氨化豆荚	91.6	70.52	56.14
复合处理豆荚	92.17	66.7	54.32